U0732683

愿你遍历山河
仍觉
人间值得

卷耳 ·················· 著

民主与建设出版社

· 北京 ·

©民主与建设出版社，2020

图书在版编目（CIP）数据

愿你遍历山河，仍觉人间值得 / 卷耳著 .-- 北京：
民主与建设出版社，2020.1
ISBN 978-7-5139-2850-2

Ⅰ.①愿… Ⅱ.①卷… Ⅲ.①人生哲学 – 通俗读物
Ⅳ.① B821-49

中国版本图书馆 CIP 数据核字（2019）第 272437 号

愿你遍历山河，仍觉人间值得

YUANNI BIANLI SHANHE RENGJUE RENJIAN ZHIDE

出 版 人	李声笑	
著　者	卷 耳	
责任编辑	程 旭	
封面设计	**WONDERLAND** Book design 仙境 QQ:344581934	
出版发行	民主与建设出版社有限责任公司	
电　话	（010）59417747　59419778	
地　址	北京市海淀区西三环中路 10 号望海楼 E 座 7 层	
邮　编	100142	
印　刷	朗翔印刷（天津）有限公司	
版　次	2020 年 4 月第 1 版	
印　次	2020 年 4 月第 1 次印刷	
开　本	880 毫米 ×1230 毫米　1/32	
印　张	7	
字　数	150 千字	
书　号	ISBN 978-7-5139-2850-2	
定　价	46.80 元	

注：如有印、装质量问题，请与出版社联系

CONTENTS / 目 录

Chapter 3　没有一劳永逸的开始，也没有无法拯救的结束

Chapter 4　真正的高级，是优于过去的自己

Chapter 1

你总要见过风雨彩虹，
才能感叹平淡是真

成熟的一大标志就是懂得适度的包容，
在没有触及底线的状况下，
出于礼貌或者修养，
你都应该适度地给予别人一定的尊重。

与其羡慕别人的幸福，不如找到自己的满足

我的朋友小雪，是各个方面条件都相当不错的姑娘。

她身材纤细，皮肤白皙，而且好像自带防晒功能似的，和她一起去沙滩玩时，我总是会涂一层又一层的防晒霜，生怕被晒黑，但她却可以肆无忌惮地晒日光浴，一点儿也不怕皮肤被晒黑。她的工作能力也很出众，为此深得领导信任。她的父母都有稳定的工作，退休后也不用她操心养老的问题。

但她却总是以一种仰望他人的姿势活着，而且活得相当疲惫。

小雪说："今天，我的同事婉茹穿了一件唐娜·凯伦的衬衫，牌子货就是牌子货，她穿着特有女王范儿。"

我拉拉她白色的T恤："为什么我觉得你这种清清爽爽的打扮特别减龄呢？我站在你身边简直是个老阿姨了！"

她撇撇嘴："前天我看到婉茹脖子上围了一条兰桂坊的围巾，听说是她男朋友给她买的。我见过她男朋友，长得高大帅气，在一家投行做高级经理。唉，怎么好事都让她碰上了？"

我惊讶地看着她："你也太厉害了吧，这种隐私都能被你打听出来。"

后来，我才知道，一直以来，小雪都把婉茹当作追赶目标——小雪喜欢她的一切，羡慕她的一切，婉茹就像一道光，指引着她人生前进的方向。

婉茹的衣饰，走路姿势，说话语调，微笑时嘴角维持的弧度，甚至她袖口上一粒闪闪发光的扣子，都是小雪艳羡的对象。

我有时候会忍不住打趣小雪："你想做她的影子吗？你难道不知道你也是别人眼里闪闪发光的存在吗？"

小雪用近乎疯狂的语气告诉我："婉茹今天拖着普拉达的箱子从我面前走过，据说她和她那个'高富帅'男友要去瑞典滑雪胜地萨斯费度过浪漫的一周。"

我忍着上去敲醒她的冲动，告诉她："想去的话，你也可以啊。"

她转过脸来，不无幽怨地看着我，说道："我觉得，我不配去那么高端的地方。"

我冲她翻了一个白眼——一个度假休闲的地方，被她说得像是高不可攀的天堂。我只听说过没钱走不了天下，没听说过有谁不配去某个地方。

我意识到——小雪走火入魔了，可我却无计可施。

很多人都会在某个特定时刻觉得自己无比可怜，看着别人拥有的，比如美貌、才气、名声、财富，以及工作能力等，自己却一样都没有，便觉得自己一无是处。又或者哪一天，看到和他们原本在同一起跑线上的人，忽然摇身一变，麻雀变凤凰，拥有了自己梦寐以求的生活，便会大受打击，一蹶不振，整天幻想着能和对方角色互换，享受别人能享受到的一切。

我能理解这种因为和别人比较而产生的巨大心理落差。

但是，你有没有想过，其实，你真正缺少的，不是创造幸福的条件，而是发自内心的自信与笃定？

你更愿意用自怨自艾来安慰一颗"见幸起意"的贪心，而不愿面对现实，通过努力奋斗来争取幸福。

说来说去，你的抱怨只是暴露了你不求上进又容易犯红眼病的缺点。

　　我有一个朋友苏安，她也是个别人都羡慕的好命人。她有一个特别疼爱她的老公，家中一应大小事务，全都由她老公一手包办，大到买房买车，小到清扫角落里的一粒灰尘。她不知道洗衣机的进出水口在哪里，也永远不知道自己家的存款是六位数还是七位数。

　　苏安的老公收入不菲，在朋友眼中，他是一个待人温和、彬彬有礼的正人君子。和他在一起，完全不用担心会争吵。可苏安却整天愁眉苦脸，一副闷闷不乐的样子。

　　最初，我并不清楚她为什么总是不开心，直到那天我们几个小姐妹一起去KTV唱歌。大家很久没见，聚在一起难免要吃喝，K歌，开玩笑，折腾到很晚还没散。然而，就在这短短的几个小时里，苏安却接了不下十个电话。

　　在接最后一个电话时，我们听见她大吼："你够了没有，我只是出来和她们聚一聚，你不信的话，自己过来看啊！"

　　一股难以言喻的尴尬气氛在我们身边悄悄蔓延，她把电话关机并甩到墙角，然后把脸埋在胳膊中不断抽泣。

　　聚会自然也是不欢而散。我把她送到楼下时，她临时改变主意，要求到我家去睡一晚。我欣然答应。我们聊到很晚，我这才知道她那让人羡慕的婚姻生活里，实则布满了不为人所知的矛盾。

苏安的老公什么都好，唯独多疑成性，控制欲强。

苏安逛街的时间不能超过两个小时，外出旅行前要报备，太远的目的地不能选择，这么多年来，她从来没去过她一直心心念念的巴厘岛。她的食谱上没有一样是自己喜欢的食物——端上餐桌的永远都是她老公喜欢的。就连她穿的衣服，从内衣、睡衣到基本款的T恤，颜色和款式都是她丈夫亲自挑选的。

这是绝对的禁锢，但更可悲的是，她一直用"那样很好，省得我操心"或者"我就是那么懒，懒得动脑，懒得动手"之类的说法安慰自己。

直到这次，她多年的隐忍终于爆发，也让我们看清了她那看似美满的婚姻之下，藏着多少不为人知的苦楚。

小雪坚持做了婉茹的克隆人有一年多的时间，而让她放弃的理由却有些好笑。

有一天，小雪眨着眼睛，对我狡黠地说道："你知道某天她和我说了什么吗？"

我揣测着婉茹可能会说的话："其实你也很好，我一直都很羡慕你？"

小雪却大笑着说："不对啦。她告诉我，我和她男友的初恋女友长得很像。"

小雪说婉茹在说这句话的时候，眼睛里都是对小雪的羡慕。但婉茹不知道的是，此时的小雪正为她那两条白皙的大长腿而倾倒。

"所以呢？"我好笑地问她。

"所以我在心里大笑起来，去你的崇拜，去你的花痴，去你的大长腿，原来我也是别人胸口的朱砂痣啊！"

我扯动嘴角，哑然失笑："我早就告诉过你了，你非常棒，为什么一定要等到她亲自开口肯定你，你才肯相信呢？"

我想对每一位女性朋友说：你要明白一个道理，幸福感从来都是自己给的。一个人如果只能依靠别人的肯定才能建立自信，那真的太可悲了。

我在网上看到过这样一句话：我不完美，可是我很真实；我不漂亮，可是我很酷；我不富有，可是我很快乐；我不成功，可是我很自信；我不多情，可是我懂得珍惜。

所以，**与其偷偷羡慕别人的幸福，不如打造属于自己的满足**，努力提升自己的能力，建立自己的自信心。你要记得，在你羡慕别人的时候，也许对方正在经历着你不知道的不如意，而她此刻也正在羡慕着你生活中的平淡与温馨。

没有过山穷水尽的迷茫，
怎能体会柳暗花明的狂喜

　　我的朋友蓝佳是一个小镇姑娘，小镇生活十分简单，人们每天过着日出而作，日落而息的生活。他们只关心自己的一亩三分地，对外界日新月异的变化毫不关心。

　　蓝佳没办法接受如此单调的生活，便在中考后去了异地读高中。高二时，因为一个偶然的机会，她爱上了音乐，并且一发而不可收。

　　她的同学都劝她放弃：学音乐没有前途的，不如努力学好文化课，考个好大学。她却对大家的劝说报以无谓的一晒。一有时间，她就坚持唱歌练嗓子。她说，音乐老师曾说她唱歌很有天分，而且她自己也真的热爱音乐，所以，她下定决心要在音乐领域里闯荡一番。

　　我曾以为她只是一时的心血来潮，也忍不住给她泼冷水，告诉她音乐这条路不好走，而且没有基础的人，很可能到最后会一事无成。然而她却态度坚定地告诉我，她一定可以。

忽然有一天，她打电话通知我，说她已经报考了一所自己喜欢的艺术院校，现在正在为面试做准备。我吓了一跳——原来她是玩真的。

那时，她周围的人都跳出来劝她放弃这种异想天开的想法，她的父母甚至坐了七个多小时的长途汽车赶到学校，劝她打消这一荒唐的念头。对于小镇上的人来说，高中毕业后能考入一所高校，然后觅得一份稳定的工作，才是稳稳当当的人生，音乐、唱歌、弹琴这种事比空中楼阁还要虚幻。

尽管蓝佳的父母费尽口舌劝她，但她依旧坚持己见。那时候，很多朋友都觉得她的做法过于自私，竟然一点儿都不知道体恤父母。

事后，蓝佳告诉我，在这么多人的轮番劝解下，她也动摇过，但她还是想试试，想看看自己在音乐这条道路上到底能走多远。

以后的每个星期，蓝佳都要去音乐老师那儿进行专业的乐理学习和演唱培训。她跟我聊起天来，也句句离不开音乐，甚至有几次，她还偷偷地拉着我躲到偏僻的角落里，吊一番嗓子给我听，而当我夸她有进步时，她总会十分开心。

说实话，我虽然觉得音乐是很美好的事物，能给人愉悦的精神享受，但一旦要把它从业余爱好扶正到专业位置，它在我心里的所有美感就都消失了。但蓝佳偏偏就是喜欢。

但遗憾的是，在第二年的音乐专业考试中，蓝佳却落选了。在得知自己的成绩未能达到分数线后，她将自己关在房间里一整天，而作为朋友的我，却不知道该以何种言语来安慰她。

她的失败引来了许多嘲讽的声音，有人说她自讨苦吃，有人说她自不量力，作为一个外人，我听到这些挖苦的言语时都觉得很难受，不知蓝佳在听到后会是怎样的难过。因为担心她，我特意给她发短信询问她的近况，她却很冷漠地回复我：很忙，以后聊。

我以为蓝佳因为落榜迁怒于我，但我后来才知道，不甘心就此和音乐梦说再见的她，居然在第二天就开始闭门苦练了。虽然后来没能在音乐的道路上有所作为，但她的第二次报考还是成功获得了老师的认可，并因为字正腔圆的发音，以及很好的声音条件而被播音主持专业录取。

这件事在朋友间引起的震动不亚于十级大地震，我们都没有想过一个一心执着于音乐的人到最后会去读毫不相干的播音专业。也许冥冥之中自有天意，也大概是事在人为吧。

毕业后，蓝佳留在了广播电台。有一天，她打电话约我出去吃饭。我当面祝贺她："真庆幸当初你坚持了下来，现在才有那么光明的前途。"

她微笑着说："我就这点儿优点，不会轻易被外界的声音左右。"

当年的蓝佳执意要走出小镇，寻找更广阔的天地。她在确定自己的梦想后，一路狂奔，头也不回，哪怕在这个过程中收获了很多白眼，依旧毫不退缩。看起来，这样的她真像个实心眼儿的傻瓜。可命运偏偏就是一个欺软怕硬的家伙，你不和它死磕一下，都不知道它有多么容易向你投降。

同样被称为"疯子"的吴善柳，为了考取清华大学，在高中整整复读了8年。在这8年苦读期间，他曾被北京师范大学、中山大学、北大医学部、南京大学等名牌高校录取过，但他不达目的，誓不罢休，顶着社会舆论的压力，在32岁那年，终于得偿所愿，考取了清华大学。

关于这则新闻，网上的声音褒贬不一，有人骂他浪费教育资源，占据了别人的录取名额，有人夸他为理想奋斗，追求自己毕生的信念。对于当事人吴善柳来说，他只是在坚守自己的梦想，对于网上的那些恶意揣测和批评，他从没在意过。他知道，好的大学只是一个起点，只有坚守梦想的人才可以走得更远。

蓝佳的声音到最后能变得婉转、动听，难道不是她长时间苦练的结果吗？虽然以后来的结果看，她好像是走了一条弯路，但她也用这把钥匙打开了另一把更适合自己的锁。这个结果中固然有运气的成分，但也不能否认她前期艰苦的付出。

她说，她承认自己走了一条长长的弯路，但好在弯路最后也通向罗马，虽然走弯路的过程很痛苦，却极大地锻炼了她的毅力。她凭着坚忍不拔的意志力，一口气攀登到了顶峰。

众所周知，马云在创立阿里巴巴之前，曾经做过许多工作，也因此遭遇了很多冷嘲热讽。甚至到创立阿里巴巴初期，他依然承受着别人的嘲讽。有一次，他前往英国，接受英国BBC电视台的邀约采访，还被主持人嘲讽："口号喊得惊天动地，却没赚到钱。"

18年后，马云的阿里巴巴公司市值已经接近4500亿美元，成为互联网行业最具实力的巨头。

用他的一句话来说："梦想总要有的，万一实现了呢！"

马云也不是神，和我们一样，他也是一路摸索着往前走，唯一的不同在于，他做到了不改初衷。

和马云等人比起来，我们这些所谓的聪明人，反而会在别人的反对声中，渐渐地抛弃追逐理想的勇气。我们考虑得越来越多，并且害怕失败后要面对种种不能承受的难堪。

现在想来，放弃梦想的我们是多么懦弱与无能，要知道，当我们还在掂量要不要为梦想付出点什么的时候，那些意志坚定的人，早就走了一大半的路了。

你要问他这段路走得苦不苦，他一定会笑着告诉你，沿途的风景很美，不上路的人永远都领略不到。

是呀，不摔过跤，没碰过壁，怎么好意思说自己曾为了生活拼尽全力？**没迷过路，没彷徨过，怎么能体会到柳暗花明后的狂喜？**

过程有多艰辛，结局就有多欢喜。世界当然有恶意，就看你能不能忽视这些不友善的声音，有没有化腐朽为神奇的本领了。

别人的眼光，锻造不出更好的你

安妮发信息告诉我她最近遇到的困惑，她的妈妈突然对她的穿衣打扮前所未有地重视起来，总是批评她衣服的颜色太单调，完全不能体现她这个年龄该有的青春靓丽，又嫌她的眉毛画得不够精致，嘴唇只抹了无色的护唇膏，看起来总是一副无精打采的样子。

安妮觉得她妈妈的挑剔毫无道理："我一直都是这样的装扮，不知道她最近为什么这么激动。"

安妮是一家大型国企的职员，那家企业要求统一着装，不允许员工穿奇装异服。

"你妈妈应该知道这些的啊！"我也觉得安妮妈妈的抱怨有些不讲道理。

"谁知道她是怎么想的。"安妮不耐烦地结束了这场聊天。

这之后不久的朋友聚会上，安妮告诉我她后来终于知道她妈妈一反常态的原因了，原来是左邻右舍的阿姨们在她妈妈面前无意地批评了几句她的穿着，但说者无心，听者有意，她妈妈因此产生了危机感，所以才要求她按照别人的建议穿衣打扮。

安妮当然不会答应，她说："我穿衣服不是为别人穿的，我穿衣打扮是以自己的喜好为准，以舒适大方为原则，我觉得我的衣品没什么问题。"

我点点头，赞同她的想法之余，也深深认同她坚持自我的行为。安妮平时温柔可亲，但她没有把待人温和变成俯首帖耳和不讲原则的顺从。

我相信她今后无论是在生活上还是在工作中都能走得稳稳当当，一帆风顺，因为她能够掌控自己的想法，坚定自己的信念，不盲从，不自轻，把对生活的话语权牢牢攥在手中，任凭别人的评价怎么改变，她自始至终都明白自己要的是什么，适合自己的又是什么。

以清醒和坚定的姿态面对闲言碎语，生活才不会像无人收留的野猫野狗那样，在别人的眼光中到处流浪。

我的大学同学夏萌，在聚会上向我袒露了她最近遇到的烦恼。

大学毕业后，她就和在大学里交的男朋友一起回了她的老家，并各自找了一份稳定的工作。开始时，他们的感情很好，许多人都以为用不了多久他们就会结婚，结果毕业不到一年的时间，这对校园情侣却突然分手了。

夏萌说："太过分了，明明一开始是他在操场上追得我满圈跑，最后说再见的居然也是他！我为他改变了那么多，他竟然一点儿都不珍惜。"

我听出了她话里的问题，问她："什么叫为他改变了那么多？"

夏萌说，他喜欢她打扮得成熟优雅一点儿，她就每天穿着恨天高，把以往的平底鞋、低跟鞋全都塞进了鞋柜积灰。到最后，她相信自己要是参加高跟鞋竞走比赛的话，拿个前三名肯定没问题。

而她每天穿高跟鞋的代价，是她的脚生了骨拐，显得异常难看，最严重的时候，每走一步路都让她苦不堪言。

她放弃了黑长直的发型，用自己觉得太过妖媚的卷发形象示人；她的衣柜里慢慢少了牛仔裤，多出来的位置让位给了包臀裙、长裙和蕾丝裙。

她学着做带有酸辣味的菜，因为那是他中意的口味；她不再看言情小说，因为怕他取笑自己幼稚得像个中学生。

总之，她最后变成了一个连自己都觉得陌生的人。她说："我每天看着镜子里的自己，有时会觉得恍惚，觉得镜子里的女人很陌生，不知道她到底是谁。"

我告诉她："你已经变成连自己都无法认同的人了，又怎能奢望得到你男朋友的认同呢？"

这个故事之所以被我拿出来讲述，是希望正在看这篇故事的你能懂得，不是所有出现在你世界中的眼光，都是正确的。

改变应该是在心甘情愿的情况下做出的选择，即使是恋人关系，也不能随意被对方的暗示或者明示牵着鼻子走，如果你真的很喜欢用听话来表达对恋人的喜欢，那我只能说你的仆人角色扮演得相当到位，但这不是男女朋友间应该做的。

那些喜欢乱嚼舌根，总爱站在道德高地上对别人指手画脚的人，不出意外，都逃不过以下几种心态——要么相当自信，认为天下真理尽在自己手中，不发表一下高见，难以体现自己的优越感；要么就是闲着无聊，随意抛出一个观点，消遣别人，娱乐自己。

不管遇到以上哪种情况，我们都要警觉，因为这些人并不是真的在关心你，他们给你提意见，并不是想让你变得更美好。

面对和你一样肉眼凡胎，满身缺点的人，你怎么打发他们都行，唯独不能太把他们"废话"当回事。要知道，你越是在意，他们就越得意，更有甚者，真的会把自己当成你的拯救者。

我想我的朋友夏萌最后一定会明白她在恋爱中得不到重视的原因：太过于在意恋人的意见，丢掉的必将是自身的存在感。

我没见过爱得卑躬屈膝的人还能够获得对方珍视的，我见过的大都是因为不平等的关系而难以维系的爱情。感情需要两相情愿，忠贞不二，但更需要互相磨合，悉心经营。如果一味参照对方的要求改变自己，到最后失去的必然是当初对对方的吸引力。就像盲目地去学别人走路，不仅没能学会别人的走路方式，还会丢掉自己的走路节奏。

你要知道，独一无二的你之所以能在感情中被人珍惜，是因为别人要的就是你身上的那份与众不同，不然你和其他人又有什么区别？

《简·爱》中有这样一句话："你以为我贫穷，相貌平平就没有感情吗？我向你发誓，如果上帝赋予我财富和美貌，我会让你无法离开我，就像我现在无法离开你一样。虽然上帝并没有这么做，可我们在精神上依然平等。"

说得真好！在精神世界里，每个人都应当是自己的王，即使相貌平平，没有深厚背景，也可以像简爱那样拥有对自己人生的绝对领导权，更何况你看起来并没有比她更糟糕，为什么总是那样在意别人的眼光呢？

你以为改变了自己，变成别人期望的样子就能得到赞赏，可是你忘了，并不是按照别人的意愿去生活，就能成为人人中意的那种人。天下的人千千万，好恶各有不同，你总不能为讨所有人的欢心，唯独让自己活得憋屈。

清醒的人绝不会讨好别人一时的心血来潮，也不会为了取悦别人而把自己扭成大麻花。**他们知道，别人的眼光锻造不了更好的自己。**能成全理想生活的，永远是自我坚定的选择，以及选择后的努力和奋斗。

成熟不是追求圆满，而是心怀包容

表妹卢珊和同样刚毕业的大学生小贝被分在了同一个部门，而在他们部门里，还有一个年近四十岁的同事芳姐。

芳姐平时除了忙工作之外，其余全部心思都放在了自己孩子和老公身上，难免在自身打扮上少了些心思。

新来的大学生小贝看到芳姐的衣饰搭配有点过时，就忍不住带着"时尚宠儿"的优越感点评了一番，最后还不忘总结一句："你这样不懂打扮，老公早晚会被其他花枝招展的女人吸引走。到时候你就哭吧。"

卢珊眼见芳姐的脸色黑了下来，忙走上前打圆场说："其实到四十岁这个年纪，外貌打扮已是其次，修养和气质才是最重要的，不是有这么一句话'你的气质里藏着你走过的路，读过的书。'我觉得芳姐这样刚刚好，外貌朴素，内心丰盈。"

小贝听了卢珊的话，脸上瞬间尴尬不已，最后悻悻地离开了。而反观芳姐的脸色则由阴转晴，看上去好了不少。

作为同校的朋友，卢珊曾好心地告诉小贝说："有时候，话可以说得委婉一些，这样听者在接受建议的时候也不会觉得下不来台。"

然而小贝非但不领情，反而拉下脸来，一副很不耐烦的样子，指责卢珊阿谀谄媚，逢迎拍马，总想着通过讨好同事得到一些好处。

卢珊委屈地问我："姐，你说我这能算是阿谀奉承，逢迎拍马吗？"

我一脸正色地说："当然没有，你在这件事上做得非常正确。"

卢珊的做法，正是高情商的外在体现，而真正幼稚不可取的，则是小贝那般假借为他人着想，却口无遮拦，以一副高高在上的样子对别人指指点点。自以为自己的做法是正确的，实际上却是尖酸刻薄，不顾他人感受。

很多人以为，所谓的成熟，就是学会了阿谀奉承，其实并不是这样。真正的成熟，应该是包容的，善意的，懂得接纳的。

一个成熟的人，是不会举着放大镜去研究世界的不圆满和他人的不完美的，因为他知道，这世上没有圆满的人生与天地，只有从容谦和的人心和时代。

成熟的一大标志就是懂得适度的包容，在没有触及底线的状况下，出于礼貌或者修养，你都应该适度地给予别人一定的尊重。

朋友宇达高中毕业后，没能考上理想的大学，也因为家庭条件的关系，在经过一段时间的慎重思考后，他决定放弃复读，直接进入社会工作。

由于学历不高，他只能从麦当劳的基层员工做起。

那段时间，宇达每天都是第一个到店，在其他人还没来上班的时候，就开始扫地、拖地、擦拭工作台、检查台账资料，而我们这些考入大学的新生，却正忙着吃喝玩乐，被各种爱情片洗脑，活得无比虚幻，只知道在校园内和新交的男女朋友你侬我侬，卿卿我我，根本不了解社会现实的残酷。

每次同学聚会，我们都以怜悯的目光注视着宇达，觉得他没继续考大学是一个错误的决定，于是纷纷劝他放弃现在的生活，在还年轻的时候，就应该及时行乐，一心想着赚钱实在为时过早。而他只是微微一笑，用沉默表示拒绝。

我们一直认为他的脑袋构造与众不同，想法特别另类。但显然，我们不懂他，而他也并不打算解释。

于是，他继续他的打工生涯，我们则继续挥霍时间。

后来，我们之间的联系渐渐少了，我只从别的同学那里听说过他的一些消息，知道他干得不错，已经做到了店长的位置。我那时大学刚毕业，好不容易找了个和专业有点关系的工作，某次上交作品后，被上司拎到办公室狠狠地批了一顿，当时她说了什么我现在已经记不清楚了，可是被训斥时那种尴尬和愤怒却令我记忆至今。

我受不了这样的奚落，用一纸辞呈正式宣告我的第一份工作的结束。

后来，我向宇达提起了这件事，他听后感到非常惊讶。

他说："你还是历练得少，作为一个新人，犯点错，挨点训，那是再正常不过的事啊。"

他说他去商场发饮食传单，商场的工作人员认为他有碍观瞻，把他哄了出去；他说他在升任经理助理之后，那些比他工作早，资历老的同事都不服气，每每在工作中故意刁难他，更不服从他的指挥。

但是，正因为经历过这些刁难和挫折，才锻造了他的坚强，他也从此不再幼稚，不再对生活抱有不切实际的幻想。

他心中非常清楚，自己想要的一切，除了依靠自己的双手之外，别无他途。

他的故事告诉我们这样一个事实——拒绝面对现实，就永远走不进社会体系中，思想上的幼稚会让我们在不知不觉成为易碎品，亲朋好友固然懂得对我们这些初入社会的年轻人轻拿轻放的道理，但是其他人，根本没有把我们捧在手心的义务。

很可惜，许多刚步入社会的年轻人都和我一样，因为和现实脱离太久，已经变成空想上的强者、行为上的懦夫。你会发现，全世界好像都不愿意迁就自己，所有的人好像都在和自己作对。

事实上，你之所以有这样的感觉，是因为你还在幼稚的海洋中潜水，你还没有真正地了解到，你的痛苦完全是因为自己不够成熟，承担不了更多的现实压力引起的。

成熟和幼稚有很多分类，但不管如何给它们定义，那些不切实际的思维方式，自私自利的性格特征，不知疾苦的生活享受和自以为直率，其实很刻薄的说话做事的方式，都是拖你继续幼稚下去的泥沼。

也许你会问，摆脱幼稚既然这么迫切，我们该怎样做才能尽快成熟呢？

让我来告诉你，除了和真实的社会多接触，待人接物时态度保持真诚，尽可能多地了解社会的规则和运行方式之外，没有其他办法能促使你尽快踏上成熟的正轨。

成熟不是一朝一夕就能完成的事，你又不是巴拉巴拉小魔仙，没办法靠华丽的转身就能获得超能力。所以，你得耐着性子好好地观察、学习、领悟、实践，社会足够大，有心去锻炼，不愁取得不了你想要的成绩。

另外，我要告诉你的是，成熟就和煎牛排一样，到了一定的程度，熟了就生(幼稚)不回去了，这对于你来说是一件好事，为你行走在这个不太平的江湖中添了一件利器。

记得在一本书上看到过这样一句话：所谓成长，就是去接受任何在生命中发生的状况，即使是不好的，也要去面对它，解决它，使它的伤害减至最低。所谓的成熟，所谓的智慧，都不过如此。

正视自身的幼稚是不断成长的前提。你犯的那些错，经历的那些挫折，都能使你头脑中的幼稚想法得到修正，这个过程是任何走向成熟的人都无法避免的——就像吃过了很多菜才知道哪些食物适合自己的口味，用过很多化妆品才知道哪些牌子更适合自己的皮肤。

你伤害了我，我不想一笑而过

最近，亲戚宋哥遇到了一件让他十分生气的事情——他被楼上住户的狗咬了，楼上非但拒绝赔偿，还说宋哥诬陷他家的牧羊犬，还说什么他家的狗温顺听话，从来不乱号乱咬；宋哥指不定是被哪条野狗咬了，找不到狗主人，就把责任推到他们头上，想敲竹杠，省下打狂犬疫苗的钱。

宋哥听了他们的狡辩，气得半天说不出一句话。他向我诉苦，说他平时很重视和邻居维系关系，以前起了冲突，他都一笑而过，大度地不予计较，怎么现在轮到他想讨回公道了，对方却马上变脸，不仅不给予金钱补偿，还恶言相向，蛮横无理地倒打他一耙？

我听了半天，总算听出了一点儿不太对劲的地方，于是问宋哥，你和邻居保持友好关系具体是指哪些事情。

宋哥给我讲了两件事：第一件事，他和妻子小住丈人家那会儿，他自家楼上那户邻居装修把楼板打穿了，后来，工人用水不注意，没关水龙头，他家的地板被渗漏的水泡了几个月，全部报废。宋哥知道后，非但不生气，反而买了材料亲自扛上楼替邻居修补漏洞。但这件事过后，他没听到邻居一句道歉的话，两家人在楼里碰了面，邻居皮笑肉不笑，点点头就算打了招呼。

宋哥那时候心想，一定是邻居见了他不好意思，脸色才显得不太自然，他大度地不放在心上，再看到邻居，他照样热情地和他们打招呼，扯闲话。

还有一次，宋哥倒车的时候不小心撞到了邻居家搭的简易车库的门上，他急忙跑上楼同邻居打招呼，并且留下100块钱作为赔偿。本以为这件事就这么过去了，谁知过了一个月，夜里刮大风，邻居家车库的门被风刮倒了。第二天大清早，邻居就敲开了宋哥家的门，让宋哥赔偿车库门损坏的经济损失，他给出的理由是，一个月前宋哥如果没有撞到铁门，这扇门就不会轻易被风刮倒。

宋哥本着以和为贵的思想，二话不说，掏出钱进行了赔偿。事后，他也没有抱怨什么，只说做邻居难免磕磕碰碰，有事及时解决就好了，吵吵闹闹让人家看了多不好。

他乐观地自我安慰："瞧，我是个格局很大的男人，不和别人斤斤计较，不在鸡毛蒜皮的小事上胡搅蛮缠。"

大度的宋哥这次终于忍无可忍。他讲完了这两件事后问我，他对邻居的一片好心怎么都喂了驴肝肺，人家怎么可以心安理得地对着他大耍无赖？

他那副义愤填膺的样子让我又好笑又好气，想到《红楼梦》里，贾迎春面对下人婆子的欺负，隐忍不语，连不过问俗事的林黛玉都看不过去，笑她："虎狼囤于阶壁，尚谈因果。"现在，宋哥和懦弱的贾迎春一样，面对别人的恶意一筹莫展，他们以为只要无视这些伤害，伤害就会自动消失，甚至会被感化，变成温情脉脉。

但是伤害从来不会因为被忽视或者原谅就会消失不见，它要么会变成一种暗示，让对方摸清你息事宁人的态度，变本加厉地再次给你更多伤害，要么就会变成一块伤疤，让你在很长一段时间内，想起来就难受，心里像被人捅了一刀。

插你一刀的永远是别人，费力拔刀的只能是自己，为了避免这种情况再次发生，你只能在伤害发生后，第一时间让别人知道你受了委屈，你要让他明白，犯任何错误都是要付出代价的。

这样做是为你好，也是为那些不懂反省的人好。

大度容天下之事当然是一种很高的境界，可是放在现实生活中，它很多时候却成了二次伤害的保护伞。

有个朋友向我讲述过一件反击伤害的大快人心的事。事情的缘由是这样的：朋友办公室里新来了一个代课老师，这个老师刚毕业不久，说话很温柔，让人觉得非常单纯可爱。

这个可爱的女老师在班上教数学，由于班上同学的基础比较差，很多学生都选择去课外的补习班补习功课。

一个月后，女老师渐渐发现了不对劲的地方，那些去补习班补习功课的学生，平时作业、小练习错得一塌糊涂，可是每逢月考，他们的成绩就像坐了火箭一样大幅上升，有人甚至能得到满分，让家长开心得逢人就夸补习班的补习效果出色，推荐更多的人去补习班上课。

一次测试过后，女老师询问了一个去补习班补课的学生，这个学生亲口承认自己预先做过试卷，把答案牢记于心，因此才能得到好成绩。

年轻的老师气得半天无语，就在班级上劝说自己的学生不要再去那个补习班上课。可让她没想到的是，第二天，补习班的负责人就找上门来，堵着办公室的门整整骂了半个小时。办公室里的其他老师听不下去了，连哄带劝地把负责人说了回去，再看那个无辜受气的女老师，早就气得脸色发白，眼泪裹在眼眶里团团打转。

朋友劝女老师不要生气，也别再追究补习班泄漏试题的事情了。那个女老师揉了一把鼻子，什么都没说，低下头继续批改学生的作业。

一个月以后，学校再次举行常规的科目测试，不出意料，上补习班的学生都取得了好成绩，把辛苦学习的孩子远远地甩在了身后。

成绩出来后的第三天，补习班的负责人在大清早就来到了办公室的门口，想向年轻女老师炫耀。也不知道谁向年轻女老师透漏了风声，等年轻老师过来后，我们才发现，她身后还跟着专门负责教学的副校长。

只见女老师当着众人的面，不慌不忙地打开了自己的办公桌，把那些超常发挥的学生作业本及平时小练习的分数记载本都拿了出来，她一边给副校长过目，一边质疑测试的公平性。

最后，她把部分孩子召集过来，当场出了几道题目，让孩子解答。

结果不言自明，负责人在证据面前哑口无言，灰溜溜地走了。

校长走后，朋友拍着女老师的肩膀佩服得五体投地。她问那个女老师，怎么想到用这招去治补习班乱象的。事实上，这种现象存在已久，可她们碍于情面，谁都不好意思去制止。

年轻女老师微微一笑，意味深长地说："我不阻止这事，受伤害的会是越来越多的孩子，他们之所以能够这样肆无忌惮，就是因为没有得到过应有的教训。"

女老师的话给了朋友很多启发，那些嚷嚷着要宽恕伤害，原谅不公的话，我们只要听听、笑笑，让它随风而去就行了，对伤害视若无睹只会换来更疯狂的伤害。宽恕，只用在有底线的事上，一旦越过了这道界限，我们再选择宽恕，其实是在助纣为虐。

所以，面对伤害，我们该直面的时候一定不能躲避，该痛击的时候一定不要手软。

著名作家毕淑敏在上小学时，报名参加了某次歌唱比赛，她很卖力地排练着，每次唱歌都全情投入，嘴巴张得特别夸张。

有一次，音乐老师走到她面前铁青着脸责怪她："毕淑敏，我在台下总能听到一个人跑调，不知是谁，现在总算找出来了，原来就是你，一颗老鼠屎坏了一锅粥，我要把你除名。"

不仅如此，老师还嫌弃她长得太高，站在合唱队伍里显得很不协调，命令她只能张口，不许出声。

毕淑敏形容自己当时的心情："烙红的伤痕十年后依然冒着焦煳的青烟。"

这样痛苦的记忆，怎么可能轻易就被一个人悄悄忘记？在长达几十年的日子里，毕淑敏一直被这件事折磨着，伤害着，直到后来她学了心理学，才学会自我疗愈，走出了童年的心理阴影。

面对老师这种恶毒的刻薄，难道应该感谢她给了自己进取的勇气吗？

网上有无数特别肤浅的心灵鸡汤，它们不约而同地教导别人无差别地对待伤害："感谢伤害你的人，因为他们磨炼了你的心智。"

"感谢欺骗你的人，因为他们很好地增进了你的智慧。"

"感谢中伤你的人，因为他们帮助你砥砺意志。"

感谢伤害，让我善良；感谢不公，让我包容。感谢来感谢去，感谢了世界方方面面的恶意，就是没有感谢那个奋起抵抗的自己。

伤害就是伤害，任凭我们怎样美化它，歌颂它，它给我们烙下的伤痕都会扎扎实实地躺在我们的胸膛里，值得感谢的事情太多了，我们为什么要去感谢让我们痛不欲生的事情呢？

一个人如果不懂自保，意识不到别人的越界，那么后果只能是，你越大度，对方越猖狂——你给了他一个可以随意伤害的暗示，他当然会循着你的逻辑一再让你不痛快。

所以，我们在受到伤害的时候，不应该怀着圣母心自欺欺人地包容伤害，而应该正视伤害，化愤怒为力量，从源头解决，才能阻止伤害继续发生，让自己过得轻松一些。

选择接受伤害是因为自己有足够的能力制止，而不是鸵鸟似的把自己藏起来，告诉自己应该宽容大度。

如果我们在受伤时依然能坚持走下去，没有被伤害打倒，那么逆袭翻盘后，该感谢的，应该是那个坚强倔强、勇敢努力的自己。

　　谁伤害了我，我都没打算一笑而过，不管有心无心，只要是伤害，都不会让我感恩戴德！

Chapter 7

你来人间一趟，一定要看看太阳

走直路有走直路的侥幸，走弯路有走弯路的价值。

只有走了一些弯路之后，才能真正了解自己需要什么，

有什么能力，为了理想可以牺牲到什么程度。

所有的失去，只是换种形式拥有

在他人眼中，朋友朵拉或许是位不幸的姑娘。她刚生下来，母亲就因羊水栓塞猝然去世。后来，她父亲又出了车祸，导致脑部受损，性格大变，整个人变得分外暴躁，父女俩的关系也因此十分紧张。

争执和冷战几乎贯穿了朵拉的整个青少年时期，抑郁的她甚至想到了自杀，多亏老师和同学的开导，她才没有走上绝路。

高中毕业后，她高考落榜，自觉自己的能力不足以考上大学，于是在心灰意冷之下，跟着朋友来到我所在的城市打工。我和她相遇时，正值她人生最灰暗的时期。

她因为业务不熟练，经常被公司领导训斥，再加上身在陌生城市，人生地不熟，朋友离她很远，于是她自从跟我熟了以后，就经常到我家里来诉苦。她一遍遍地和我讲述她的不幸，说她一出生就失去了母亲，现在只能靠自己挣扎着活下去。

有一次，她再次向我哭诉时，我忍不住问她："你有喜欢的爱好吗？能不能借这个兴趣爱好转移一下注意力？即使你的生活仍没有起色，但至少你的心情有了改变。不是有句话叫'爱笑的女孩运气不会差'吗？如果你整天这样心情低落，哪怕好运来到你面前，也会被你吓跑的。"

她抽泣了好一会儿，才回答："有，我喜欢写作。上学时，我的作文经常被当作范文在全班同学面前朗读。"我注意到，她在说这段话时，眼睛里是闪烁着光芒的，整个人也变得更加有生气。可以肯定，她为自己会写作而感到自豪。我很庆幸，命运没有剥夺她的一切，至少留给了她一项才华，让她能够重新出发。

我把一台搁置很久的笔记本电脑塞到朵拉怀里，笑着告诉她："那就开始吧，继续你的爱好，发挥它最大的作用。"

从这以后，朵拉果然捧着这台笔记本电脑开始了她的新征程。她用文字打造崭新的世界，在文字的世界里，她成了独一无二的王者。

朵拉在网络上写自己的现实经历，向别人介绍她的人生感悟，吸引了很多与她有共鸣的读者。后来，她又迷上了诗词歌赋，于是又专门向大家介绍古代诗人的诗词作品与人品。在她的笔下，"田园有宅男，边塞多愤青，咏古伤不起，送别满激情"。她活色生香的文字招徕了更多的读者，渐渐地，她的文章的阅读量涨了又涨，有编辑向她抛来橄榄枝，邀请她写作出书。

2018年，她的第一本书出版了。拿到样书后，她第一时间就给我发了一张照片。我看到照片里的朵拉扎着两条麻花辫，穿着一身文艺女青年标配的麻布素裙，捧着新书笑得明艳而开朗。

我知道，她的人生从此走上了正轨，命运和她对价交换，让她从一文不名的输家变成了赢家。

古人有句话说得好："失之东隅，收之桑榆。"**命运对你的亏欠，总会用另一种方式补偿回来。**当我们在等待好运回归的过程中，收拾好自己的心情，安抚好内心的躁动，清除掉哀怨的负能量，洗涤满面的尘垢，以自我救赎为主，以耐心等候为辅，建设好强大的心灵，与不完满和平相处，你就会发现，静待花开的日子其实没有那样难过。

生活里的一时失意也好，爱情中的一时失手也罢，人生最不可能实现的事情就是两全其美，万事如意。

成功的花朵如果不是用泪水和汗水浇灌出来的，那它就失去了斑斓的颜色和诱人的清香。生活就是把你打趴在地，让你痛哭一阵后，再把那个坚强的你扶起来，给你一颗甜枣润润心。

曾在网上看过这样一个故事：风浪中，一艘船沉没了，唯一的幸存者被冲到了一座荒岛上。幸存者每天都期盼着有人能将他救出，但奇迹并未发生。为了活下来，他开始用树枝搭建"房屋"。但搭建好之后，不幸却再次降临——就在他外出寻找食物的时候，屋旁的篝火堆死灰复燃，烧毁了他的屋子。这一切都让他感到绝望。

当他还沉浸在绝望中不能自拔时，一艘大船向他驶来——他获救了。

"你们怎么知道我在这里？"他问。

"我们看见有浓烟从这里升起，便想到或许有人在这里。"船员回答。

这个故事告诉我们的道理是：**失去是得到的前奏曲，它们相辅相成，买一赠一。**命运可以让你哭，也可以让你笑，它从来不曾遗忘你，只是用它自己的方式教会你如何从它手里抢回失去的。

所以，在失意时，我们应当更多地去想如何打一场漂亮的翻身仗，而不是让命运的风浪把自己浇得透心凉。

《塞翁失马》就讲清了得到和失去的辩证关系。真正厉害的人，绝不会因为自己失去的而耿耿于怀，他们深谙否极泰来的道理，知道"风水轮流转，三十年河东，三十年河西"。

愚笨的人会不断沉浸在失去中难以自拔，聪明的人则会在下一扇好运之门打开前养精蓄锐，积攒力量。聪明的人不抱怨，不颓废，更不会每天带着坏情绪流泪入眠。因为他们知道，没有经历过失去，根本看不透人生。

人是贪图安逸的生物，在命运没有重重压下来之前，总会以为现在的平静会一直保持下去，只有被生活逼得无路可退的时候，才会想到绝地反击。所以，有在墙角长吁短叹的工夫，不如将这些时间用在自我提升上。你越是努力，好运来临的速度就会越快。

把颓废的时间用在自我提升上，只有这样，当幸福光顾的时候，你才能接受得更坦然；把失落苦闷的时间用在微笑上，如此你才有足够的勇气去梳理狼狈的心情；把所有的精力都花在东山再起上，这样一路走下去，你才能看到更美的风景。

努力即正义，卖惨无意义

星期一，我刚到办公室，就听见小星在向小柳抱怨。小星说她最近生活不顺，做什么事都差一口气——好好的相亲对象被别人撬走，给客户做的方案一再被退回，父母嫌她越长越胖，勒令她减肥。

总之，她的生活一团糟糕，到处愁云密布，不见光明。

在她的声声抱怨中，我只觉得那片乌云也飘到了我的头顶，瞬间就把我的快乐塞入一片阴影中。

同事小柳显然也听不下去了，给出了自己的建议："那个男孩走就走了，你再去找一个不就行了？"

小星撑着下巴，摇摇头说道："像我这样的大龄青年，长得又胖，工作也没起色，很难找到结婚对象的。"

小柳愣了愣，接着开导她："你说的这些问题也不是绝对不可以克服，嫌自己胖就减减肥，认为工作没起色就加把油，年龄大了虽然是不利因素，但如果一个人可以过得很好，晚点结婚又有什么关系？"

小星听了更加愁眉不展："我就是没能力让自己过得很好啊。"她叹了口气，继续发牢骚："我从小笨手笨脚，依赖性很强，现在就想找个好男人嫁了，过上平平淡淡、安稳可靠的生活。"

总之，小星的终身目标就是找一个好男人，过一种平平淡淡但绝对安全的生活。

小柳不可思议地说道："那也要找得到这样的好男人才行啊！"

小星撇撇嘴，脸色更加难看了："我就是找不到才抱怨啊！这个世界太冷酷了，像我这样平凡的女孩，根本不可能找到好对象的。"

我和小柳几乎异口同声地回答她："就是因为你太平凡了，所以才要提升一下自己啊！"

小星对这个回答颇为不满，满脸怨气地说道："我年龄也不小了，工作能力已经定型了，家庭环境也摆在那，如果对方爱我，肯定会包容我的这些不足，找爱人又不是挑金子，真爱不讲成色的，感觉对了，一切就都对了。"

小柳听后，忍不住冷笑着说道："真爱当然不讲成色，可别人也要对你有感觉，你才能变成他的真爱啊！"

小星听后，立刻变了脸色："哎，和你们说话一点儿都不开心！我都讲了我的难处了，你们不替我想办法也就算了，还表现得一切像是我的错。"

她委屈的样子让我们彻底无语，我急忙结束了话题，开始工作，却在心里默默地嘀咕开来。卖惨的人怎么还能这样不讲道理呢？明明是她不想改变，守着不足，不思进取，却认为全世界都亏欠了她，让我们这些听众莫名躺枪，安抚不到位还会受指责。

我算是明白小星失败的原因了——喜欢哭惨的人实在太弱了，她那脆弱的神经根本经不起风吹草动。但她却不想通过自己的努力改变这种状况，只想轻轻松松卖人设获取同情，然后，最好聆听的人马上出手替她解决问题，让她一劳永逸，不费吹灰之力地获得想要的东西。

用书上的话说，这样的人"充满失败者的气息"，当他们满世界寻找同情，逼着对方给予回应时，别人忍受他们都很难，更何况还要真心爱上他们。

谁都不傻，谁也不是自带小太阳的光明使者，和一个充满负能量的人待在一起，时间长了，真的会很压抑。

我曾看过这样一则新闻报道：有一位老人，在儿子死后，毅然扛起了儿子生前欠下的五十万元债务，用十年时间一一偿还。在这期间，他不顾年老体衰，到处打工。他清扫过垃圾，帮人卖过菜，去饭店洗过碗，还到工地上做过临时工，每天早出晚归，吃苦受累，却从来没有向身边的人抱怨过一句。

有人同情他的遭遇，想一次性替他偿还所有的债务；有人给他出主意，让他打弱者牌，博取债主们的同情，以免掉自己儿子的欠款；也有人告诉他，他已经年过七旬，孙子还没有成年，去法院申诉，可以终结债务偿还；还有人非要给他养老，说他清白做人，恪守诚信的品质让人感动。

然而不管别人怎样表示同情，他都只说声谢谢，却从不接受他们任何的馈赠。老人对着采访他的记者说道："这是我儿子欠的债，他欠债我还钱，这没有什么好抱怨的。我只想快点把钱还掉，让良心好过一点儿。"

老人高尚的行为博得了社会一片喝彩声，他用实际行动告诉了我们什么叫作依靠自己，当他不声不响地扛下生活的磨难时，也就意味着他选择了"沉默是金"。

老人的不卖惨、不叫苦，至少让他赢回了一点儿体面。

无独有偶，我的一个朋友也是"沉默是金"型的人物，她结婚刚刚三年，孩子还没满周岁，就发现丈夫出轨了。

朋友说她看到丈夫出轨的证据时，只感到天塌地陷，觉得一切都失去了意义。她想过去丈夫的工作单位闹上一番，让丈夫无法在单位继续立足；也想过在半路堵住小三，让"姐妹淘"好好教训一下对方；甚至很多次冲动之下，她想把丈夫出轨的事告诉所有的亲戚，让他们替她出头，丢丢丈夫的脸。

但到最后，她什么都没做，只是用最快的速度和丈夫离了婚。当我问及原因时，她平静地告诉我："向亲戚朋友卖惨能改变什么呢？求人不如求己，我能亲自解决的事，为什么要冒着被人笑话的风险让别人解决呢？"

所以，她大量收集丈夫出轨的证据，低调地与他离婚，并让他净身出户，回头无门。

她这种低调行事的作风，让人感觉"酷"到了极点。

大概每个人都有觉得生活很难，需要向别人倾诉的时候，可有些人却把正常的倾诉变成了卖惨的苦情戏，无数次地向别人陈述自己的难处，无数次抱怨自己受到的委屈，将负面情绪全都抛给了对方，根本不管对方能不能及时消化掉这些负面能量。

当他们四处诉苦，到处寻找同情时，我的脑海里总会浮现祥林嫂的样子。起先，人们对祥林嫂还抱着相当大的同情心，会给予她安慰，掬一把同情的眼泪。可即便再有爱心的人，也架不住每天都听同样悲惨的事情——听得发腻不说，被迫再三回忆起那段可怕的经历，无疑是一种精神上的折磨。

其实，非要论惨的话，大家都是悲惨世界里的主人公，没人能够天天喜笑颜开，没有一点儿烦心事，就像《安娜·卡列尼娜》里说的那样，"不幸的人各有各的不幸。"

有些人会把自己的悲惨遭遇藏到心底，这种"沉默"的人，一定是看透了生活的真面目，还愿意无声尝试人生种种的强者。

不卖惨的人，能靠自己的力量营造安稳的内心，能集中精力，专心对付生活里的苟且。

不卖惨的人，也一定有着强韧的神经。他们选择低头干活，抬头放空，不做无谓的感慨，即使偶尔也会埋怨人生的艰难，也能立刻依靠自己的坚强从阴影中抽身，为自己找回一片阳光。

不去卖惨的人，还是懂得克制的人。他们知道大家都有难处，不会随意撒娇，浪费别人的精力，他们为自己的选择负责，不抱怨，不诉苦，不让浮躁的心情破坏内心的平静。

当你停止卖惨，学会默默努力了，那些被打脸的难堪，终会被你的强大抚平。

你所走的每一步，其实都不是冤枉路

好友阿麦早在大学毕业前，就按照父母的意愿和许多优质男士相过亲了。用阿麦妈妈的话来讲，一个姑娘，念到大学毕业就不年轻了，趁着选择的余地还大些，早点找个好人家，结婚生子，过太平生活，才是正经事。

大学毕业后，对自己的未来毫无规划的阿麦，老老实实地按照父母的要求，相亲结婚，并在男方的帮助下，顺利找了份稳定的工作，过起了稳定的生活。

然而，这样的生活没过多久，阿麦就觉得日子太平淡无味了。每天上班后，只要干完手头的活儿，她就开始对着电脑发呆。在大学里从不玩游戏的阿麦，现在竟然玩起了俄罗斯方块。

傍晚下班回到家后，阿麦也不需要自己动手做饭，因为她的婆婆早就将晚饭准备好了。热心的婆婆就住在她家隔壁，手握她家钥匙，在她家自由进出，来去无阻。婆婆几乎承担起了阿麦的一切家务，甚至在星期天的早上，当睡过头的阿麦起床时，还会在阳台上看到自己被洗干净的内衣内裤。

面对这样闲适的生活，阿麦非但不轻松，反而时时觉得自己是在混吃等死。虽然蒋方舟说过"要非常努力才能过上平庸的生活"，但对阿麦来说，这种没有经过努力就过上的平淡生活，已经让她丧失了生活的热情。有谁会喜欢一眼就能看到头的人生呢？

没过多久，婆婆又兴冲冲地计划着，想要阿麦生一双儿女。阿麦诚惶诚恐，觉得自己的思想还没有成熟，背上养儿育女的重责实在太过恐怖。一想到这些，阿麦就觉得自己无法继续忍受这样的生活了，经过慎重考虑，她向双方家长提出了去大城市工作的要求。

果不其然，她的决定在两个小家里掀起了滔天巨浪。父母的震怒、婆婆的哭诉和老公的不理解，犹如千斤重担，向阿麦压了过来。但是阿麦没有屈服，而是接受了心的召唤，来到现在这个城市，找了份工作，从头开始打拼。

现在，阿麦还在为生活苦苦打拼。有时候，我也会取笑她放弃安逸的生活，硬要来这个地方撞得鼻青脸肿。阿麦没有反驳，只是淡淡一笑，她告诉我，做出选择前，她以为路就该是直的，人生也应是平平淡淡、无波无澜才算幸运。但来到这个城市后，她喜欢上了这种尽力拼搏的感觉，也许在别人眼里，她走了一条不可思议的弯路，但在她看来，这样的弯路恰好是自我存在的证明。

走直路有走直路的侥幸，走弯路有走弯路的价值。只有走了一些弯路之后，才能真正了解自己需要什么，有什么能力，为了理想可以牺牲什么。

毕竟账单可以随时清零，但激情不可以，它是最宝贵的存在。

我听过一句话——"拼搏到无能为力，努力到感动自己"，我一直觉得这句话需要加一个前提：为自己喜欢的事拼搏到无能为力，为实现梦想努力到感动自己。在这个前提下，**你所走的一些弯路，其实都不算冤枉路，至少它让你在**试错后获得了一定的经验。

大学四年级时，我突然想在毕业后去当销售员，听说做楼盘销售挣钱很多，而且能够锻炼口才，提升交际能力。我觉得这些对于缺少社交经验，又有轻微社交恐惧症的我来说，是个很好的调整。

如果我能够靠这份工作弥补自身的缺陷，那实在是太好了，我今后的事业也会因此产生很好的连锁效应。于是，我一毕业就进了一家房地产企业当起了售楼小姐。

结果可想而知，那半年的售楼生活简直是我人生的一场噩梦，时到今日，我都会在晚上做梦，梦见自己在客户面前语无伦次，惹人白眼。

我的内向性格使我在众人面前无法应对自如，有时候明明已经把楼盘的特点背得滚瓜烂熟，但一接触客户，我的脑袋便一片空白，只知道傻笑着陪着看楼盘，然后像白痴一样等他们自己做决定到底是买还是不买。

好几次，客户都已经准备掏钱交定金了，只是随口问了我几个关于物业管理的问题，可我却回答得结结巴巴，很不自然，这样反而引起了客户的疑心，以为物业有什么问题，所以决定再考虑考虑。

就这样，在那个楼市很火的时期，我居然一套房子也没卖出去，说出来几乎没人相信。

我终于认识到问题所在：内向的我，根本不适合做销售工作。也就是在这时，我迷上了画插画。于是，我辞掉了销售的工作，转而进入一家设计公司做插画师。

现在回头看，我周围许多人会说我去做销售是个失败的经历，但我却有不同的意见——恰恰就是在做销售的这段时间，我特意将各个楼盘模型的独特设计牢记于心，这使我在做设计工作时获得了很多灵感，让我能够在画城市背景图时得心应手。

可以说，楼盘销售工作鬼使神差地为我的插画人生奠定了一个良好的基础。做销售和画插画看似风马牛不相及，但这条弯路，确实让我后面的路走得更为平坦。许多时候，你只有排除错误的选择，才能找到正确的方向，而那些在错误选择中获得的经验，能让你更好地面对下一轮的选择。

网络上对于走弯路有一条很醒脑的话："走的弯路越多，错误的选项就越少，做出正确选择的可能性就越高。"爱因斯坦也说过类似的话："一个人在科学探索的道路上走过弯路、犯过错误并不是坏事，要在实践中勇于承认，并且改正错误。"

这些话都告诉我们，适当的试错不会让错误越积越多，如果你能思考错误背后的东西，总结出有用的经验，那么，你做出正确选择的可能性会越来越高，**未来的你，也会感谢那些给你提供了很多人生经验的弯路。**

要知道，别人的经验是别人一点点摸索出来的，放在他身上百试百灵，但放在你身上，可能会演变成一个不可逆转的悲剧。这一点，只有亲身经历过的人才能体会。人生没有对错，只有适不适合，要想靠别人的经验避免自己的弯路，无异于问道于盲。

无论你是一帆风顺，还是历经了风风雨雨，只要可以找到适合自己的路，就应该朝着目标义无反顾地走下去，如果你可以做到，弯路也会变成阳关大道，直抵青云。

愿你在追梦的路上，爱你所爱，行你所行

阿北是我认识的朋友当中最独特的一个，说起和她的相识，我的内心其实有些惭愧。

阿北是高二那年从外地转到我们班的。那时，她穿着黑色背心和破洞牛仔裤，耳骨上面打了六个耳洞，活脱脱一个"不良少女"的模样，加之那时候所有人都有了自己的小团体，久而久之，阿北就被孤立了。群体效应下，我也不例外，尽管老师安排了我和她做同桌，我还是刻意和她保持着"安全距离"。

可是阿北好像并不在意这些，每天上课趁老师不在的时候，她就拿出素描纸开始涂涂画画。有一次，她画得入神，我在旁边也窥得入神，那一句"真好看"就情不自禁地从我的喉咙里蹦出来。直到阿北停下笔看向我，我才反应过来。

"你喜欢？那送你好了。"

"不用了，这怎么好意思。"

"拿着，在欣赏它的人手中，它才是有价值的。"

我一边道谢一边红着脸接过来，也就是从这时候开始，我俩才渐渐熟络起来。

后来，我渐渐得知，阿北家庭条件优渥，她的父母在物理研究方面颇有建树，母亲希望她能够好好学习，将来和他们一样，成为一个优秀的物理学研究者。可是她却喜欢绘画，对艺术创作有着非凡的热情和天分。遗憾的是，阿北的父母得知阿北要学画画后，不但不支持，还扔掉了阿北用零用钱买来的所有绘画工具，企图把她捆绑在那些密密麻麻的方程式上面。

在阿北的父母眼里，艺术创作犹如"不务正业"，所以他们要把阿北的"痴心妄想"扼杀在摇篮里。看着那些被掰断的画笔和被撕碎的纸张，阿北难过极了，她觉得被撕碎的不仅是画纸，还有她满腔的热血和斑驳的梦。

父母的做法非但没有起到他们预期的效果，反倒起了反作用。十六七岁的年纪，正是叛逆的时候，阿北剪掉了长发，打了耳洞，开始一次又一次地逃课去看画展。没有钱买画笔和颜料，她就在周末和傍晚打着去图书馆学习的名义到大街上发传单。她在课上看宫崎骏、高桥留美子和岸本齐史的漫画，被老师发现后，画本被没收，她也一次又一次被罚到教室外面站着上课，最后，学校忍无可忍，把她开除了，她才来到我所在的中学。

"那个时候的我好像在跟全世界为敌。"阿北说，即使是这样，她也没有觉得委屈或者想放弃，因为每个人都有自己喜欢和要坚持的东西，她无法改变别人的想法，但是她很庆幸自己并没有被别人影响，这就够了。

高考过后，我和阿北断了联系，直到一次同学聚会上，我才又见到阿北。一别数年，我对她的印象还停留在高中时期，如果不是她主动过来和我打招呼，我简直认不出她来了。

她还是一头乌黑的短头发，脸上化了精致的妆，黑色的吊带裙价值不菲，左手小臂上文了一朵含苞待放的玫瑰。她的眼神还是那么明亮和飞扬，只是眉眼间多了一丝稳重和气定神闲。

阿北告诉我，高考的时候，她背着父母偷偷改了志愿，去了一所美术学院。她的父亲——一向待人接物彬彬有礼的物理学专家得知这一消息后，气得拎起笤帚把她打出了家门。

阿北在冰冷的楼道里坐了一夜，但是她不后悔。其实，那段时间她也很痛苦，她既不想让父母生气，也不愿意放弃自己的梦想，硬是一个人咬牙撑了过来。

和家里闹翻后，父母不再给她提供资金支持。没有学费，她就跑去向姨妈家借了学费，并打了欠条；没有生活费，她就跑到大街上靠画画赚钱。

开始的时候很苦，一张画只卖十块钱，有的时候，她甚至吃不上饭。那时候的她甚至没有朋友，因为宿舍里的人都在忙着K歌、旅游、吃美食、交男友，没有谁愿意同她这个穷困潦倒的小姑娘做朋友。

她也曾饿着肚子在深夜的大街上失声痛哭，问上天为什么要她受这份苦；她也想给父母打电话，寻求他们的谅解。可是她都忍住了，她明白这都是一意孤行的代价，同时她也告诉自己，不要慌，不要怕，熬过这段，一切都会好起来的。看着被颜料染得五颜六色的手，她狠狠地擦掉眼泪，继续往前走。

"我既然选择了这条路，不管别人怎么看我，怎么对待我，我都要好好走下去。"阿北笑着点了根烟继续说。

后来，阿北在街上作画时遇到了一个带着孩子玩耍的女文身师，她想起了自己许久未联系的母亲，一时兴起，画了一个Q版的母女图免费赠给她们。

文身师惊叹于阿北的画技，主动与她攀谈起来，说她的功底不错，问她要不要去文身店里做学徒，不收学费，管一日三餐，只是学成后要免费为店里工作三个月。

当时，捉襟见肘的阿北没有丝毫犹豫，立刻答应了文身师的邀请，没想到，这最终成为她梦想的一块跳板。

因为绘画功底极好，又有设计天分，阿北在文身店学得顺风顺水。学成后，她主动留下来，专门给顾客设计图纸，那些精致美观又极富创意的图案吸引了人们的眼球，来文身的人越来越多。

阿北用自己赚的钱还清了学费，原本拮据的生活也终于宽裕了一些，尽管依旧没有朋友愿意和她同进同出，她的父母也没有原谅她，但是好在绘画和梦想填补了这一缺失的部分，支撑着她迎接一个又一个崭新的未知清晨。

毕业之后，阿北靠着在文身店赚的钱开了一家新文身店，靠着不俗的艺术创意和精湛的技术在圈子里混得风生水起。

阿北说，她现在不仅开文身店，偶尔还会办小型画展，虽然忙碌，但过得充实、快活。

"你不累吗，你没有想过放弃吗？"听她讲完这些年的经历，我不禁问道。

"怎么会？"阿北笑着反问了我一声。

"你知道有一幅画叫《没有胡须的梵高》吗？我想梵高先生怎么也不会想到，在他去世一百多年后的现在，他的这幅画能拍卖出7150万美元的天价。他在世时贫病交加，情爱亦无，满腔热血都倾注在布尔乔亚的艺术鉴赏家们弃如敝履的作品上，在阳光明媚的法国南部小城，他疯狂地作画，倾泻的颜料里调和着他的血肉，而画布，就是他包扎伤口的绷带。他像夸父一样追逐着太阳，最后在阳光中燃烧、倒下。每当我看见他所画的《向日葵》，总会想起他说过的话——'生活对于我来说是一次艰难的航行，我不知道潮水会不会上涨，及至没过嘴唇，甚至涨得更高，但是我要前行。'我也要前行，哪怕在我死后的墓碑下没有常春藤，也没有鲜花。"

这个身高不足一米六的小个子女生，说话的时候神采飞扬，谈起对未来的畅想，仿佛要把全世界的美好和浩瀚都装进星眸里去。那些磨难和荆棘，在无数个孤独又无人理解的黑夜里，不但没有使她颓靡，反而打磨着她的筋骨，为她想要的人生做了积淀。

我捏着阿北塞给我的她的画展的入场券，望着她离去的背影，心中感慨万千。

自己选择的路就要好好走下去，不管道路有多坎坷，耳边充斥着多少质疑，不忘初心，一定可以闯出属于自己的一片天地。

等到终于洗尽铅华的那一天，回过头看看自己走过的那些道路，就会发现，每一道坡，每一处惊雷，无一不是上天赏赐的阳光雨露，锻炼着我们不断强大的身体和内心。

你不是说话直，而是太自私

有一年出去旅游，碰到了一个看起来特别开朗，性格也很直率的姑娘，我和她都是孤身一人出来游玩，孤独感让我们迅速走近，两天过后，我们已经亲密得像是认识了很久的朋友。

也许是友情进展得过于迅速，一开始的谨小慎微、小心翼翼，很快就被推心置腹和无话不说取代了，我们从各自的家庭聊到工作，又从职业的范围聊到了更私密的个人领域。不得不说，这种什么话都能聊的感觉真的好极了，两人好像把内心扎了很久的藩篱撤得一干二净，一些积压已久的想法，让自己郁闷到极点的烂事，不能说给更亲密的人听，却可以毫无保留地倾吐给对面那个看似很热络的人，也许这正应了一句老话："别人稍一注意你，你就敞开心扉，你以为这是坦率，其实这是孤独。"

孤独让我和她靠得特别近，我几乎毫无防备地把自己掏心窝的话都讲给了她听，可是，渐渐地，我发现我们之间的谈话不像刚开始那样和谐了，我总感到她在评论我谈话的内容时，过于心直口快，有时候还没等我说完，她就已经自顾自地得出了结论，而且结论十分偏颇，加入了太多她的主观想法。

我告诉她，我的父母不喜欢我现在的工作，催我回去相亲结婚，可我很喜欢现在的生活，不想回家过枯燥的日子。

她撇撇嘴，轻描淡写地说："你就是太过纠结，什么事情都要放在心上，这点事有什么值得苦恼的？"

我和她说与男友分手的原因，跟她说这段感情到现在都让我耿耿于怀。她盯着我的脸看了半晌，笑着说："说句实话你别生气啊，你的确毫无特色，如果我是个男人，也不想跟你谈恋爱。"

我和她聊国内著名的景点，她不以为然："国外的景色才美，没出去过的人眼界就是狭隘。"

就这样，每个话题似乎都不能顺畅地聊下去，我也逐渐没了聊天的兴致，不再热情地回应她的话题，她说什么，我只是点点头，表示听到了或者同意她的看法。

在散团的前一天，她似乎发现了我对她的态度变得很冷淡，于是，在我洗完澡躺在床上刷手机时，坐到我的床沿，嬉皮笑脸地说道："哎，我这个人说话就是直，别人都说我刀子嘴豆腐心，你可别放在心上。"

我抬起脸刚要安慰她两句，她马上又换了一个话题，问我："你上次讲的那个做代购的好朋友还在国外吗？我想让她帮我买一些化妆品，微信里的代购我不放心，既然她是你的好朋友，肯定不会拿假货糊弄我。"

我放下手机，看了她好几秒，忽然对眼前这个人有了新的认识，原来这姑娘所谓的"性子直，不会拐弯抹角"都是有弹性的，当她不需要你的时候，她就是一个"直肠子"，当她需要你的时候，马上就会意识到自己有说话太直的毛病。

我意识到我们之间的交往是不公平的，她说什么，我都是尽力安慰，提些最合适的建议，而她呢，慢慢地就露出了漫不经心的样子，说话随心所欲，只有想起你的好处，才会变得热情温柔。

第二天散团时，我拒绝了和她同乘一架航班的建议，独自一人拎着行李箱出了旅馆大门。

这场"露水友情"到此结束，因为我并不需要一个"见风使舵"的朋友。

有些人所谓的直，只是不懂得表达，不知道怎样才能和对方心意相通，这样的直是可以原谅的——他只是情商低了些，并没有多少花花肠子，你和他待在一起，只会无奈，不会闹心；还有些人口中的直，却随时可以弯曲下来，在可能的情况下，他肆无忌惮，出口成伤，不愿意为自己说过的话和做过的事负责，以为不涉及利益的事，都可以用"正直"的语言来表达。他觉得这样做坦坦荡荡，毫不虚伪，只是你知道，这不是什么真性情的表现，他只是想打着这些旗号，逞自己一时的口舌之快而已。

有一个猎头在文章中写到他和公司老总交往的感受，他说越是和级别高的老总交往，就越是感到舒服。因为和他们聊天时，你说的任何话，他们都能接住。有时候，他们可能会修正或者否定你的观点，但他们说话的方式会很委婉，不会让你觉得没有面子。这样，你在获取经验教训的同时，也不会感到难堪。

作者总结了这些老总说话的优点——善于沟通，能为别人着想。这样，听者会感到舒适，也会回馈同样友好的态度。

让别人听着舒服，才是真正的"真诚"。它不是靠"忠言逆耳"为自己辩解，也不是用"不虚伪"的理由赢得赞同，它是在保留直率时，也尊重对方。忠言逆耳是在不得已的情况下采取的让人快速醒悟的行动，但大部分人都没有这种顿悟能力，与其心直口快，给别人带来双重伤害，倒不如曲线救国，像老总那样用委婉的语言提醒他人。

这样做，既能让听者觉得不刺耳，又可以使他意识到自己的不足，这才是比较理想的解决问题的方式。这样说话的人，会让他人觉得踏实可靠，因为他能克制自己喜欢评论的嘴，不会肆无忌惮，只图嘴上痛快。

邻居老大姐，就是那种特别会"说话"的人，平时邻里有什么纠纷，闹什么不愉快，总喜欢找老大姐评理。其实这些事和老大姐没有任何关系，她完全可以当甩手掌柜，倚着门槛看热闹，但她是个与人为善的人，每次邻居找上门来诉苦，她都认真倾听，及时给出反馈，并且在不偏袒的情况下，软言软语地劝慰当事人。有邻居评价和她聊天的感觉，说和老大姐讲话特别痛快，不担心被她听岔了，引起误解，也不担心被抢白，搁不住自己的脸面。

老大姐在我们小区里有着很高的威信，大家都喜欢她春风化雨般的说话风格，觉得她坦诚直率，充满爱心。

地位的高低不能决定你是否能成为一个受欢迎的人，但是懂得好好说话的人，一定不会惹人讨厌。

电视剧《欢乐颂》中的曲筱绡为什么不是剧里最讨人喜欢的角色呢？她明明为人仗义，总是第一个出手帮助有困难的朋友；她也明明活泼开朗，逢人就笑，身边的人总能被她的笑声感染。但这些优点都不能掩盖她嘴毒的缺陷，虽然她每次都是好心好意地为别人打算，但说不了几句话，别人就会被她诅咒似的劝慰吓跑了。

知乎网友为此总结道："说真话和没礼貌是两回事。"

的确如此，说实话已成为当今社会很稀缺的一种品质，可是并不代表它就不需要技巧，可以不按照价值观的顺序脱口而出。

恰恰相反，我觉得不给听者增加心理负担才是需要优先考虑的事，你好好说话，别人才会接受你的观点，在这样的前提下，你说真话受欢迎的概率才会更高。

就像驯兽员训练动物一样，如果上来就用大棒打一顿，动物不仅不能听懂你的指示，还会奋力反抗。如果驯兽员在一开始用美味的食物"诱惑"，让它们放下戒备心，反复跟随指令练习动作，那么，动物就能成为优秀的表演明星，它们从驯兽员那儿得到的绝不仅仅是一点儿甜头，还有良好的信任和互动。

对待动物尚且需和颜悦色，更何况是活生生的、有思想的人。我们在和别人说话时，应该考虑到对方对谈话接受的程度。不说恶毒的话，不说咒人的话，这些只是最低的底线，能够重视他人感受，建立良好的谈话氛围，才是我们要达到的目标。

有人说，我爱说什么就说什么，把看不惯的事情直接表达出来有什么错，这样说的人其实混淆了"真性情"和"真自私"的概念，把不经大脑和肆无忌惮当成一种美德，试问，我们和一个人聊天时，感觉到受伤害的想法是谁界定的呢？

答案当然是，受到伤害的人。在聊天的过程中，如果一方觉得不舒服，那就是真的不舒服，对方再辩解"为你好"也不能否认伤人的事实，而伤到了他人，还振振有词地为自己找借口开脱，这就是真正的可恶。

　　对于成年人来说，即使快人快语，也要讲究分寸，可以很有个性，但绝不能没有规矩。说有用的话，表友善的意，这才是我们该努力的方向。

成为高手的捷径，是和优秀的人在一起

辛瑞的导师是个严谨认真，不苟言笑的人，几乎整个生物系的学生都听过他的大名。而令他出名的不仅是他几十年不变的发型和衣着，还有他对待学生作业的那种近乎苛求的态度。

辛瑞每次放假回家，和我们聚到一起谈论大学生活的时候，总会聊起她的导师，然后咬牙切齿地说一句："这么古板教条，活该变成大龄剩男。"她说这话时还往往不耐烦地晃荡手里的饮料，仿佛这样就能把心里的厌恶都驱逐出去。

尽管心里怀着一百二十分的不满意，但是从小就是好学生的辛瑞还是咬着牙，顶着导师挑剔、苛刻的目光，战战兢兢地进行着每一次课题研究，完成了各种各样的实验结题论文。

在辛瑞异常忙碌的研究生学习期间，我们之间的联系渐渐少了，再次相聚时，已是三年之后了。

那天，我们在一家咖啡店喝咖啡，不知不觉间，又聊起了她读研究生时的导师。

辛瑞现在已是一家大型跨国医药公司的首席医药代表。而当初推荐她加入这个公司的，正是令她咬牙切齿的导师。

"你知道吗？我算是在他手里锻炼出来了。"辛瑞笑着说，这笑里没有嘲讽，只有一种发自内心的感激，"当初他把我介绍给那家公司时，我心里可是没有什么底气的。"作为业内著名的医药研发公司，这家公司对应聘者的严苛和挑剔也是业界闻名的，但她还是一路过关斩将，最终被该公司录用了。

"本来我只是办公室里一个无足轻重的小人物。"辛瑞微笑着说，"后来，在一份报告中，我发现了一个药理数据方面的致命错误，于是毫不犹豫地向当时的主管汇报，并在第二天将一份准确的数据提交给了大老板。"

就是这份数据，让她得到了公司的赏识。她凭着这次机遇一路平步青云，成了公司里红得发紫的人物——领着令人咋舌的高薪，在擅长的领域内如鱼得水。

"其实，当初在实验室里做研究时，我也犯过同样的错误，因为这个数据中的数值实在是太不起眼了。为了这点小失误，我还被导师骂了个狗血淋头。"

然而，当辛瑞再次回想起当时的那番训斥时，心境已经完全不同了。

"当时，我一直认为他刻薄、刁钻，没想到，正是因为他的这份严苛，为我铺就了通往成功的红毯。"

很要好的姐妹阿桃在某个夜晚来我家找我，一进门就向我倒了一肚子的委屈："你知道吗？我的男神被别的女同事'抢走'了，天啊，我居然也有比不过别人的时候！"

她咬牙切齿地看着我说："你一定要帮我想想办法，我一定要光鲜亮丽地重新站在他面前，让他知道错过我是他最大的损失！"

上大学的时候，阿桃是无数男生眼中的女神，她不仅相貌出众，还写得一手好字。那时候，围绕在她身边的男孩子两只手都数不过来。所以，听到她的这番话，我也忍不住好奇，究竟是什么样的女孩子，竟然可以从阿桃身边"抢走"男神。

我看着她笑了笑，问她是怎么回事。接着，就看到她拧着眉，拉住我的手对我大讲特讲那个"抢走"她男神的女孩子的事情。

在单位里，那个女孩很会做人，不仅和同事关系融洽，更是让领导对她信任有加，短短半年时间就步步高升，从一名普通小职员，变成了阿桃的顶头上司。不仅如此，那个女孩还会在下班之后去锻炼身体，平日里也喜欢插花、茶艺和读书，所以，如今她不仅身材匀称，而且在平日开会讨论时，还能引经据典，虽然说话软软的没有攻击性，却经常会成为全场的焦点。

我默默听完阿桃的一通八卦，未插一言。她看着我问："你是不是也觉得现在的我俗不可耐，只知道在这儿跟你说别人的坏话？唉！毕业之后因为忙工作，我都好久没有读书和练字了，平时也很少去健身。"她又叹了口气，"我知道，现在的我是真的比不上她了。所以，我要变得更好，变回以前那个优秀的自己。"

听到她这么明确的自我"开示"，我都怀疑自己是不是多余了。

命运就是这么有趣，我们每个人在成长的过程中都会遇到这样的强者，他可以是对我们高要求的导师，也可以是我们爱情中的敌人，就算你很幸运，没有遇到他，也需要为自己找一个这样的对手，通过比较，发现自身的不足，然后不断地督促自己。咬咬牙，让自己变成自己理想中的模样。

有人说：嫉妒是最高形式的承认。当你用鄙薄的语气说起那个令你讨厌的人时，你已经不知不觉地暴露了你对他每个细节都了如指掌的事实，这种赤裸裸的嫉妒，暴露了你内心对成为这种人的向往。

关于这一点，我的同事丽丽深有感触。就在不久之前，她发现同一部门的某个女同事一直在私下里说她的坏话，让她一度觉得自己做人有问题。

她在朋友圈发一些美好的生活照，对方嘲笑她只能待在朋友圈里岁月静好；她家境不错，用的东西都是名牌，对方却在她没有刻意炫耀的情况下，认定她爱炫耀，只能靠啃老满足虚荣心；她穿着得体端庄，对方说她保守古板；她笑容亲切自然，对方说她笑里藏刀；她工作能力很强，对方却只认准她是关系户；她喜欢高价甜品，对方觉得她到处装文艺……

一开始，她还会被对方肆无忌惮的评价搞得狼狈不堪。后来，在看穿了对方嫉妒的真面目后，她微微一笑，就不再把这件事放在心上了。

我问她："别人这么挖苦你，你怎么还能忍得下去？"

她笑着回答："这叫挖苦吗？这分明是赤裸裸的嫉妒。"

你看，你对对方的种种诋毁和恶意猜度，无一不是在告诉自己和别人，对方是如何的强大，而自己又是如何的卑微与弱小。那些总是用放大镜挑别人刺儿的人，正在嫉妒的火炉里备受煎熬。

如果你不想变成善妒的人，我希望你能反省自己，把自己的嫉妒心转化为向上的动力。把强者设定成自己追赶的目标——当你羡慕别人拥有好身材时，你也能把盘子里高热量的食物倒掉，并准时站在跑步机上；当你嫉妒别人口若悬河时，你也可以远离当下流行的无聊偶像剧，每天花一小时的时间来读书，充实一下空空如也的脑袋……我相信，你也可以一天天变好，不用整日陷在嫉妒的苦海中难以自拔。

Chapter 3

没有一劳永逸的开始，
也没有无法拯救的结束

只有弱者才会逞强，只有强者才懂示弱。

温柔不是软弱的代名词，而是我们强大后，对自己的认可。

这个世界的温柔，来自你的强大

一天，林珊说要请我吃饭，结果在地下车库停车时，她和车场管理员发生了争执。起因是管理员在指挥她停车时，语气有点冲，让林珊觉得自己被冒犯了。管理员梗着脖子告诉她："我说话就这个腔调，你看不惯又能怎么样？"林珊连翻几个白眼，拦住管理员，大声和他理论起来："你说话冲还有理啊，凭什么你语气不好，我就要让着你，我告诉你，你再在我跟前吹胡子瞪眼的，我就到停车管理处投诉你。"

我拉着她的胳膊，把她从围观的人群中拽了出来。看到她兀自愤愤不平，骂骂咧咧的，我叹了口气，告诉她："何必在众人面前如此激动呢？你提醒他注意下语气就行了。"她"嗤"地冷笑一声，回答我："我就是看不惯他横眉竖眼的样子，才不惯着他的臭毛病呢。"

对方态度不佳自然是这场冲突的导火索，但我们也不能因为对方态度不好，就如被踩到尾巴的猫，一蹦三尺高，马上还以颜色。

林珊的冲动，让我看到了她脆弱的内心。她把自己对外界的防御值调得太高，随时随地都会因为一件小事破坏自己的心情，虽然她看起来十分强悍，只不过是在掩盖自己的虚弱。强大的人不需要用音量和力量证明自己，他们不会把一件小事搞成一场闹剧。

我不是第一次见识林珊的火爆脾气了，她经常会为了一点儿小小的事情和别人起摩擦。她本人丢三落四，忘性很大，却不允许别人提意见，谁要是开玩笑说她记性差，做事粗枝大叶，她马上就会拉下脸，把挺和谐的气氛搞得剑拔弩张。时间一长，大家都不跟她聊天了，以免自讨没趣。林珊却自以为是别人怕了她，还为自己的"强大"而沾沾自喜。

你是否也像她一样，像一只长满尖刺的刺猬，总是高竖防备之心，警惕地观察着周围的一切。不管别人如何对你表达善意，你都无法完全放下戒心，在心里不断地琢磨他们有何用意。

他们说："其实你长得蛮耐看的。"你就会想：她们的意思是说我不是第一眼美女，只有看久了才会顺眼。

他们说："其实你歌唱得还不错。"你就会想：她们是在安慰我，这句话的潜台词是除此之外我一无所长。

他们说："你这么爱旅游，一定见多识广。"你就会想：倒不如直接挑明喜欢旅游是个烧钱的爱好。

……

无论他们怎么说，你都能变着法子地咂摸出不友好的味道。

更不用提面对你的失误，她们好意奉劝你加以改正的时候了。

如果你常常觉得全世界都在与你为敌，那你首先要反思自己："为什么我会产生这样的想法？"

从某个层面看，你的浮躁和偏激，恰恰暴露了你内心的扭曲——不包容。这全都是因为你没有强大到能包容的程度，容易生气，是因为你的内心没有足够的温柔。

真正的强大不只是"心有猛虎"，还要懂得"细嗅蔷薇"。

被誉为"上海滩最后的贵族"的郭婉莹，是上海"永安百货"创始人郭标的四女儿，从小接受美式教育的她，独立优雅，没有养成大小姐脾气。长大后，郭婉莹独自一人去了北平，入燕京大学求学深造。在那里，她遇到了英俊迷人、幽默风趣的吴毓骧。不久后，情投意合的二人步入了婚姻殿堂。可是刚过蜜月期不久，风流倜傥的吴毓骧就背叛了郭婉莹，和一个寡妇纠缠在了一起。郭婉莹没有被婚姻的剧变压倒，而是选择开一家服装店，用忙碌的工作冲刷婚变的阵痛。

动荡时期，吴毓骧被抓到监狱进行改造。因为受不了狱中艰辛的折磨，大病一场，最终撒手人寰。郭婉莹在得知这一噩耗后，没有怨天尤人，而是平静地处理完了丈夫的后事。后来，她因为资本家子女的身份，被下放到农村。她进出过牛棚，修整过公路，即使干着最劳累的苦力活，却依然保持着优雅的姿态，穿着旗袍刷厕所，脚蹬皮鞋卖东西。

后来的郭婉莹历经沧桑，却一直过着独立优雅的生活。即使到了晚年，她也不愿意和子女们住在一起。她坚持一个人生活，像早年间一样，过得得体又从容：她经常自己动手，烘制美味的欧式蛋糕；午睡醒后，雷打不动地喝上一杯下午茶；她的衣服虽然陈旧，却熨烫得一丝不苟；她的头发总是梳得整整齐齐，绾于脑后。

她虽然历经坎坷，却依然对人生充满温柔。

无独有偶，徐志摩的发妻张幼仪，也让我们看到了一个女人变强大以后的温柔。

张幼仪怀着次子的时候，丈夫徐志摩爱上了林徽因，并向她提出了离婚。张幼仪没有抱怨，没有哭泣，毅然选择了放手。离婚后，她带着一颗破碎的心在德国谋生、求学，并在不断的尝试中，找到了人生的支点，重拾对生活的信心。

她说："去德国前，我什么都怕；去德国后，我一无所惧。"

她回国后创办了著名的云裳公司，并主持了女子储蓄银行的事务，她精心抚育和徐志摩生的儿子，尽心服侍徐志摩的双亲，甚至在徐死后，还一直接济他的再婚妻子陆小曼。

你可以说，她是一个有教养，但格局不小的大家闺秀，但如果不是自身强大的缘故，谁能在被丈夫抛弃后，还能保持坚韧的温柔？

生活对她横眉竖目，她却对生活轻声慢语，温柔以待。

张嘉佳说："只有弱者才会逞强，只有强者才懂示弱。刻薄是因为底子薄，尖酸是因为心里酸。"

温柔是很难得的性情，包含了同理、共情、坚强、尊重、原谅等种种美好的品质，没有强大作为基础，它们总是难以表现出来。

　　我们都不是身披盔甲的超级英雄，无法屏蔽生活带给我们的种种困扰。既然逃脱不了现实的刁难，倒不如武装自己，壮大自己。

　　温柔不是软弱的代名词，而是我们强大后，对自己的认可。

一忙解千愁，一闲生百忧

我的朋友圈里有两个截然相反的姑娘，一个充满激情，将日子过得风生水起，一个却生活得过于安逸，各种矫情。

那位对生活充满激情的姑娘姓林。林姑娘虽然跟黛玉同姓，但她身上却看不到半点儿伤春悲秋的影子。她独立果敢，绝不会让忧郁哀怨纠缠近身，相较于许多柔弱到能被自己身影压倒的姑娘，我实在太欣赏她这种坚韧果敢的生活态度了。

林姑娘来自一个小县城。一辈子囿于小地方的父母，因为眼界有限，思想保守且固执，在她读完大学选择就业地时，坚决反对她一人留在大城市。他们告诉林姑娘，女孩子应该回老家找份稳定的工作，早些嫁人，相夫教子。

那些钢铁侠附身的女强人不是她能撑得起的角色，虽然她靠着自己的努力考取了名牌大学，找到了一份世界五百强企业的工作，然而这些在林姑娘父母的眼里，统统没有喜乐安定的生活重要。林姑娘也曾犹豫要不要听父母的话，乖乖回小县城，找份安逸的工作，稳当地沿着父母设计好的人生轨迹走下去。但在经过一番深思熟虑后，她还是抛开了这一想法，选择留在大城市里，做起了自己喜欢的记者工作。

出于关心，我也曾问她为何要做出这样的选择，林姑娘在电脑那头答得爽快利索："姐，我实在受不了家乡那种苦闷的生活，像被502胶水粘住一样，没有一点儿激情。"

父母为她规划的未来生活中所缺少的那份激情，是让这个姑娘拒绝的根本原因。对她来说，安稳代表平淡，平淡的近义词则是死气沉沉，而死气沉沉，是她这个年龄的女孩最忌讳的东西。凭什么人家风风火火，风生水起，她却要被提早摆上货架，循规蹈矩地过日子？

林姑娘愿意在自己选择的生活中随处"撒野"，用绵绵的汗水证明自己的价值，这是一个充满活力的姑娘给生活划定的最低标准。在这个时代，寻求安逸是件很容易的事情，而寻求生活的激情，则需要费一番功夫。

林姑娘的追求让她在人群中特别显眼，因为有追求的人，浑身上下都充满了激情。她穿梭于各个展销会场，寻找最好的商机；频繁地去各大城市出差，做空中飞人。为了拓展更多的业务，她利用闲暇时光上各种提高班、培训班，以提升自己的能力，还在培训中收获了很多人脉，为自己的每一次跳槽做好了铺垫。几年下来，她的职位、薪水和刚工作时比，有了天壤之别。

林姑娘的生活不需要打鸡血就已经热气沸腾了。

她把别人伤春悲秋的时间花在了能力提升上，把别人涂脂抹粉、潜心打扮的闲心用在学习上，把别人对美食好物的贪婪统统用在自我精进上。

激情、奋进、努力、执着这样的词汇被她掰开揉碎，彻底融入骨血中。这样的姑娘，不再是娇娇弱弱，我见犹怜，他见操心的温室娇兰，而是会行走的铿锵玫瑰，武装到每一个毛孔的金刚芭比。

和林姑娘完全相反的是馨小姐，光听名字，就仿佛可以闻到一丝淡淡清香，事实上，她本人无论外貌还是性情，都与这个"馨"字十分匹配。

馨小姐的娇柔胆怯与悲天悯人完全是过分安逸的生活造成的，当一个姑娘的家庭背景已经强大到可以为她包办一切，而她也甘心受此支配，不懂得自我开拓、发展、创新的时候，所有的激情都不可避免地会被转化成闲情，更要命的是，这种闲情有时候会和无事生非，杞人忧天画上等号。

馨小姐就是如此，过多的空闲给她带来的是一颗超级敏感的心。

只要身体稍有不适，馨小姐就会放下工作，跑到医院做一个全套的体检。有一段时间，她成了医院各个科室的常客，那些医生看到她捂着胸口，恹恹进门的样子，都会无奈地叹一口气。有个老中医在给她看了不下八次病后，终于一脸诚恳地提议她去心理科看一看。据说馨小姐当场哭得一把鼻涕一把眼泪，觉得自己的人格受到了巨大的羞辱。

和馨小姐谈恋爱也是件顶头痛的事，本来这姑娘哪都好，不仅肤白貌美，身材姣好，还温柔可亲，善解人意。但唯有一个问题——她太敏感了，她把日常生活中大把的闲暇时光，都用在胡思乱想上，她要求男朋友必须早中晚准时给她道好，要是哪天对方因为繁忙忘了发信息或者打电话，那她一天都会在惶惶不安中度过。

尼采说："当一个人凝视深渊的时候，深渊也在凝视他。"

换句话说，当一个人闲到用各种矫揉造作来打发时间的时候，那这日子，也只能消耗在一惊一乍、一哭一闹中了。

所谓激情，是对生活保持积极、热烈的态度，它是多元化的，又富有深层含义，它可以化繁为简，但它必须目标明确，它是我们维持内心活力的必要因素，我们的生活到底是五光十色，还是黯淡无光，都是它说了算。

忙出来的激情让人脚踏实地，心安理得；闲出来的矫情让人无所适从，无比惶恐。

忙碌建构起来的是一种有血有肉的生活，激情则是注入其中的灵魂，至于悠哉悠哉的闲适，如果你还有一点儿心气，就不应该被它带偏了生活节奏，让自己在矫情得一地鸡毛的同时，还被人嫌弃闲人多作怪！

别在该奋斗的年纪谈佛系

朋友咪咪最近连续几个晚上打电话向我倾诉她的烦恼，让我十分惊讶，因为在我心中，温柔的咪咪早就修炼到"任尔东西南北风，我自岿然不动"的境界，她对任何事都是一副淡淡的、无可无不可的态度。

咪咪是一个佛系少女，和很多佛系青年一样，凡事不急不躁，遇事镇定自若，在该发表意见的时候惜字如金，在该鹤立鸡群的时候隐入凡尘。

只要和咪咪交谈十分钟，你就会觉得人生是一片死水，没有任何起伏与波澜，生活似乎也了无新意。她经常说的一句话是曾经在网上很流行的那句"抢什么抢，争什么争，反正没有一个人能活着离开这个世界"。于是，不管在当下，还是未来，云淡风轻一直是她生活中一成不变的主旋律。

咪咪那时在一家普通的小公司做一个普通的文员，工作上，不管上司怎么催、骂、训，她总是在温顺地回答"我明白了"后，依然温温吞吞地修改她的文案，不温不火地调整出错的PPT。她是整个部门被忽略的存在，不要说年底的各种荣誉奖项没她的份，就算是部门组织聚餐，也常常"一不小心"把她遗漏了。

我曾多次指出咪咪这种心态的弊端，对她说："你不是佛系，而是顽固，还不听人劝，以后有你的苦果子吃。"

咪咪听了，难得地大笑起来。真不知道该说她什么好，明明是损她的话语，她却以为我是在夸她。

咪咪一直维持着她的佛系生活，不仅记不住父母的生日和各类纪念日，就连谈个恋爱也是随遇而安，懒得亲昵，懒得吵架，男友要是不约她，她可以一周不在微信上冒泡，不在他面前出现。她在上班时奉行不争不抢的原则，把机会都让给了别人，工作对她来说只是维持基本生存的需要，而不是实现个人价值的阶梯。

关于咪咪佛系的故事不胜枚举：她不刻意交友，不学习进修，上班捧着手机，下班则与电视为伍，挂在她嘴边的口头禅是："学这么多有什么用处，会的自然就会了，不会的公司也不会派我去干。"

直到2017年年底，咪咪家里出了大变故，才迫使她不得不脱离佛系，回归现实。

那一年，咪咪的父亲生了一场大病，开口向工作了几年的她要些医疗费，可薪资平平的咪咪根本没攒下多少钱——她向来都是维持一人吃饱，全家不饿的状态，现在父亲突然伸手要几万块钱，她一时没办法拿出来，急得几乎哭出声。

后来，还是我们几个朋友东拼西凑，替咪咪解了燃眉之急。

据咪咪说，她也曾开口向公司提出预支一部分薪水的要求，可是部门经理却面有难色地告诉她，现在市场不景气，好几个部门都在裁员，根本没有多余的资金用于提前支付薪酬……

在被生活折腾了一番后，咪咪才惊恐地发现，她这么多年来一直坚持的佛系观念，在残酷的生活面前是如此不堪一击。所谓的佛系并没有给她带来任何好处，而她对世界的怠慢还被世界默默地报复了一把。

咪咪变了，自从父亲生病她却拿不出钱来之后，这个姑娘就变得异常强悍。她脱下清淡的白T恤，换上了干练的职业装，她不再素面朝天，而是每天给自己化一个得体的妆容，然后精力满满地投身职场。

很多次，我饭后无聊给咪咪打电话时，总能得到她还在加班的回应，隔着话筒，我都能听到咪咪的指尖敲击键盘时发出的清脆声响，手指每一次跃起和落下，都预示着咪咪在向新的目标拔足狂奔。

咪咪的付出是三百六十度全方位的，为了弥补过去的疲懒，她几乎用上了吃奶的劲儿，开会、出差、进修、学习、夜以继日地加班，高强度的工作压力不仅没有让她形容憔悴，反而淬炼得她容光焕发。现在的她说话铿锵有力，简洁明了，做事快如闪电，迅如疾风。她说："人是生于忧患，死于安乐。"我取笑她："应该是成于热血，废于佛系。"

她最近的计划是利用业余时间考一张会计师证，为此，咪咪在微信朋友圈里这样勉励自己：你有很多钱吗？你有爹妈娘舅可以拼吗？你有让上司刮目相看的工作能力吗？你有足以嫁入豪门的绝色脸蛋吗？你有和其他人抗衡，永不落败的资本吗？如果没有，还不快闪一边学习升值去！

佛系的咪咪在被生活迎面扔来的一块石头砸得灰头土脸后，终于知道了该用什么样的态度去生活。

其实，佛系和逃避是一对孪生兄弟，靠谱的人生不是用漫不经心的方式活出来的，人们太容易将懦弱胆怯和与世无争画等号，自欺欺人久了，毁掉的不仅是未来，还有本就难能可贵的斗志。

网上有一句话说得很好：真正的佛，哪个不是历经九九八十一难，过五关斩六将后顿悟出来的？没有故事的佛怎么可能口述万字真言？没有激荡的人生，怎么会有看尽繁华三千尺的觉悟？

王维很佛系，可是他诗词歌赋，琴棋书画，无一不通，在遁世隐逸之前，他也曾出将入相，饱览人世繁华。他的人生跌宕起伏，有高潮，有低谷，比一部百万字的小说还荡气回肠。他阅历人间疾苦，遍尝生命辛酸，在该奋斗的时候奋斗过，努力过，壮怀激烈过，热血青春过，所以，佛系对他来说，是成就，不是将就。

命运是公平的，只有经得起大风大浪，方能享受现世安稳。

回看那些伟大的人，他们的心始终保持着新鲜的状态，犹如一枚珍珠蚌，把岁月赐予的磨难和挫折包裹成圆润的珍珠，才可以选择是留在深海继续悠游，还是浮出人间，惊艳众生。

变得有趣前，请先做到靠谱

我的朋友佩琪立志做一个有趣的女孩，她的生活信条是：不折腾，不成活。秉承这一人生理念，她努力在平静如水的生活里扑腾出一个又一个浪花。

有一阵子，她迷上了古琴，就拉着我顶着大太阳拜访了许多古琴老师。一圈转下来，她自己都犯糊涂了，要么嫌这个老师指型不够标准，要么嘀咕那个老师长得不够仙风道骨，好在她学琴的意志还算坚定，多方比较后，终于挑到一个各项水平都达标的老师。自此以后，她毫不犹豫地放弃了学习了近半年的吉他，并且在练习古琴前，早早购置了几套飘飘欲仙的汉服，还花大价钱从网上购置了一把琴。现在，她已万事俱备，只等一阵东风把她吹向古琴名家的宝座了。

她对自己抱有很大的期望，用她的话说，如今的自己终于找到了和自己灵魂相契合的乐器——无论是外形还是声音。古琴带给了她不一样的感受，让她进入了与世无争的境界，她感觉到，围绕在她身边的喧嚣统统不见了。

作为她的闺蜜，对这句话感到异常熟悉。以前，她在学吉他，学绘画时，都说过类似的话，可是灵魂伴侣每次最多只能陪伴她半年时间，半年以后，她就会发现更有趣、更好玩、更与她的灵魂"情投意合"的东西。

你要是替她浪费的人民币感到不值，她就会眉毛一扬，双眼一瞪，教育起你来："生命在于折腾，生命不止，折腾不息，多学习些技艺总是有好处的，起码别人提起我时，会觉得我有趣又有料，多才又多艺。"

她这番话一说出口，作为朋友的我就无话可说了。于是，我就在一旁静静地看着，看着她的"灵魂旅伴"变成相看两生厌的"陌路人"。

果不其然，学琴还未满三个月，她就改弦易辙，准备自己斫琴了，这一次，佩琪又给自己找了一个很好的借口：会弹古琴算什么能耐，有本事亲自斫一床琴，那才了不起呢。

于是，我眼见着她的书架上又添置了好几本斫琴的书籍，屋里摆满了大量斫琴工具。每次我去她家，总像是走地雷阵，得小心翼翼地躲开摆了一地的刨子、斧子以及盛在桶里的名贵鹿角霜。

　　一个月过后，她曾经的豪言壮语又悄无声息地熄了火，我看着摆在车库旮旯里的一堆工具问道："你的琴斫到什么地步了？"她翻着一本《坛经》回答我："斫琴这事，又费力又费脑，人生已经苦多乐少，不如平心静气地念几本经文，好好思考一下人生真正的含义。"

　　听了这话，我不禁佩服起我这位闺蜜来——我从来没有见过如此善变的人，几十年如一日地把折腾当信念。

　　一个月后的某天晚上，佩琪哭着给我打电话，告诉我她的男友没有良心，把她给甩了，给出的理由是和她在一起没有安全感。

　　佩琪抽搭着鼻子问我："不是说安全感都是自己给自己的吗？他自己没本事制造安全感，为什么要责怪我不让他有安全感呢？"

　　对啊，这句话正是我想问佩琪的，一个人到底做了什么，才会让携手相伴了几年的恋人忍无可忍，转身就走？

　　佩琪告诉我，男友觉得她总是折腾来折腾去，也没见在哪方面有拿得出手的成绩，他觉得佩琪是一个没有定性的人，和她在一起很难找到稳定的感觉，所以提出了分手。走之前，男友还劝告佩琪："你太心浮气躁了，佩琪，我希望你能真正定下心来做点事情。"

有趣的佩琪就这样折腾没了一段美好的恋情，她天真地以为美丽的皮囊千篇一律，有趣的灵魂万里挑一，可有趣这个词实在是太博大精深了，不是什么人都能变得有趣的。

你以为有趣就是像百变女郎那样，培养好多爱好，可在别人眼里，你只是个善变且闹腾的小丑。

光有趣，不靠谱，很容易让人失去底线，变得浮夸、善变，就像知乎上有人说的那样：很多所谓的有趣，其实只是一种肤浅的闹腾。

有趣如果没有深入发展，就会变成无聊折腾的杂合体，最可怕的是，要是这种杂合体占据了靠谱的空间，你的"有趣"就会让人觉得吵闹。

我见过很多靠谱的人，天蓝就是其中的一个，刚开始和她接触时，有什么事问她，她总是会思考一会儿后才给出答案，这个姑娘常挂在嘴边的话不是"我可以"，而是"我试试吧"。

不熟悉她的人会觉得她过于谨慎，慢条斯理的样子活像个受气的小媳妇，可和她接触久了，就能察觉她稳重细致的一面。在工作上，天蓝从不出纰漏，别人没想全的地方，她都能够补充完整。在生活中，她提到的一些小窍门总是很实用，让人不走弯路就可以解决小麻烦。

有一次，我问天蓝如此靠谱的秘诀是什么，她笑着对我说："哪有什么一劳永逸的秘诀，不过是让自己变得更专业些而已。"

这个答案是迄今为止我听到的最满意的。原来，这个看起来温温吞吞，没多少情趣的姑娘，却是一个真正懂得生活的人。

真正会生活的人，知道在变有趣前，应该先学着如何变靠谱。因为有趣需要一个坚实的地基，否则就成了轻浮的百变。人生本来就是缺乏安全感的动物，在面对靠谱和有趣时，有些人可能会由于一时的新鲜，而选择了有趣，但时间一长就会发现，不靠谱的有趣比枯燥的无趣更加可怕。

所以，你可以放飞自我，奔向梦想，但请你务必夯实专业基础，真正的梦想成真，靠的是实打实的能力，而不是空穴来风的设想。

有位作家说过："对于绝大多数没有长着一副可爱脸的

姑娘，成为一个做事靠谱的人，是成本最小的人际交往方式，同时风险也最小。"

这告诉我们，靠谱是一种多么重要的品质。

你不是因为折腾才吸引更多优秀的人来到身边，你是因为靠谱才认识了同样优秀的伙伴。

最近，我认识了一个叫安彤的姑娘，她最擅长在朋友圈经营自己：美妆、美颜、旅行、烘焙、读书以及运动，几乎样样全能。

翻阅她的朋友圈，你会相信她是一个灵魂独立，思想自由的姑娘，然而和她真实接触几回后，你就会发现，有趣迷人只是她的浅表面。

她的另一面，是让人深感头痛的不靠谱。在工作中，她自由散漫，我行我素；她可以和你讲旅行中有趣的见闻，却无法告诉你当地的人文景观；为了一个偶然兴起的念头，她可以抛下一星期前制定的工作安排，打"飞的"走人。

安彤想把日子过成自由的诗，只是这自由之下，却写满了不靠谱。

靠谱是一种不引人注意的低调，不必闪闪发光，不需要夺人眼球，只要做到安稳、可靠、实诚，你就会发现，让人喜欢和信任便会水到渠成。

靠谱的人，首先应该是一个重视承诺，言而有信的人。

做一个靠谱的人并非可望而不可即，收起无谓的小聪明，丢掉无用的侥幸心理，放弃爱做白日梦的习惯，别让虚荣心阻挠自己正确地看待自己，做到了这些，你就会发现，自己不但靠谱，还很有趣。

爱自己，就要让自己持续美丽

星期六早晨，我正躺在床上刷朋友圈，许久未见的大学同学千羽忽然在微信上和我打了个招呼，她告诉我说，今天会来我的城市出差，如果有空的话，想和我碰个面，聊聊天。

我一口答应下来，急忙翻身下床，却开始发愁穿什么衣服去和大学里出名的系花见面。

千羽在学校的时候可是有名的大美女，毫不夸张地说，她收到的求爱信比我大学里做题用的稿纸还多。作为学院里最受欢迎的女生，她的书桌上常年摆着男生送来的各色玫瑰花，穿着打扮也会引起整个学院女生的竞相模仿，在我的眼里，女神就该是她那样的——有着高挑的身材，清甜的笑容，得体的衣饰，连走路都摇曳生姿。

为了在女神面前不至于太过寒酸，我花了大半天的时间挑选衣服，修饰面容，临近傍晚约定时间，才怀着一颗忐忑不安的心来到了聚会的餐馆。

当千羽出现在我的面前时，我足足愣了好几秒钟才认出她——不是因为她变得更加明艳动人了，而是我怎么也无法把昔日那个美丽的形象和面前这个不修边幅的女孩联系起来。

仅仅三年时间，她的变化之大令我瞠目结舌。大概是我诧异的眼神让她有所察觉，她坐下后喝了口水，像是和我解释，又像是安慰自己一般开口说道："我结婚了。"

从后续的谈话中，我知道她不仅早早结了婚，而且有了一个活泼可爱，机灵聪明的孩子。

千羽说这些是在暗示我，都是因为结婚后的生活太过安逸，所以她的体重才会直线飙升，又因为忙于照顾年幼的孩子，没时间打理自己，所以才会像现在这样素面朝天。

听到她这么说，我急忙开口安慰她："过些时间，等孩子长大了，你就可以回归正常的生活，恢复你校花的美丽形象了。"

她听了后，正色回答我："算了，我觉得再变回以前的模样太费劲了，女人嘛，一旦婚姻稳定，有了孩子，重心肯定不会再在自己身上，就算我有心变得和以前一样美丽，可是我分身乏术，光是照顾老公和孩子都忙不过来了，哪还有时间打扮自己。"

我张了张嘴，还想劝慰她几句，但看到她意兴阑珊的样子，只好把剩下的话都咽进肚里，另外找了一个无关痛痒的话题继续交流。

那次聚会后不久，我就听到了一个坏消息——千羽的老公有了外遇，现在正和千羽冷战，并希望她能主动退出，他好带着小三比翼双飞。

消息传开，大家哗然，老同学们纷纷表示不能接受大美人被叛变，被抛弃的事实。

只有我知道，大美人千羽已经是过去式了，现在的千羽，因为不愿好好经营自己，早就失去了迷人之处。

千羽以为，有了婚姻，有了孩子，就不需要维持自己的魅力，她可能觉得，美丽是给别人看的，一旦有了爱人，美丽就没了用处。

其实美丽不只是为了引起别人的关注和好感，它还代表着你对自己爱护的程度，你越爱自己，便会明白，美丽来之不易，它是种宝贵的资产，需要你悉心地呵护和经营。

面对美丽，我们应该有两种觉悟：不够美的，应想方设法提升自己；天生丽质的，更要好好珍惜。

有时候，不是别人不再把你当成耀眼的宝贝，而是你用无谓的态度告诉了对方：可以忽视我，就像我没有好好呵护自己的美好那样。

打败你的，从来不是夺去了你动人姿色的岁月，而是那颗未老先衰的心，以及过于粗糙，破罐子破摔的生活方式。

沫沫是我在公交车上结识的朋友，当初也不知为什么，我一眼就在人群中看见了她。不是因为她落落寡言的样子太过独特，引起了我的注意，也不是因为她饱满的嘴唇太过性感，让人移不开眼睛，她就只是静静地坐在那儿，我便能感觉到她强大的气场，她就像一块磁铁，紧紧地吸引着别人的目光。

后来，我和她成为朋友后，接触到她精致的生活，我才知道她如此富有魅力的原因。

关于沫沫平时有多么善于经营自己，我来举几个例子：她十分注重仪态，虽然她没有刘诗诗那样好看的天鹅颈，但她时刻昂首挺胸，你永远看不到她佝偻腰背的样子；她非常重视自己的衣品，身上的衣服永远搭配得十分合理。

她是那种很注重生活细节，也很讲究生活品位的人，对于外形，她不惜余力地呵护保养，对于内在，她也努力经营得有声有色。

沫沫从小喜欢绘画，在工作之余，她报名参加了一个工笔绘画班，每天利用闲暇时间在宣纸上勾勒、填色。她特别喜欢画牡丹，为了更好地画出牡丹的神韵，几次三番地去各地的牡丹园观察牡丹的形态。经过几年的练习，她的作品得到了美术协会的认可，有两幅画还进入了城市文化博览馆被长期展出。

她是那种即使生活兵荒马乱，也要活得美丽从容的人。即便在最紧张的时刻，你都能看到她不慌不忙地经营自己。

她说："对于一个女人来说，保持美丽是一件庞大的工程，你得在方方面面注意，才不会使这种美丽褪色，但是经营美丽绝不是滥用美色，它应该为你自己的生活服务，让烦躁不安的人生生出一种淡定的美好。"

沫沫的美是内外兼修，善于维护的结果，她不是那种天生丽质，打出生起就有白天鹅基因的女孩，正相反，我看过她小时候的照片，那时候的她淡眉细眼，放在人群里毫不起眼。

可是，先天条件的不足没有成为她放弃自我的理由，任凭世界千变万化，她那颗爱美的心始终如一。

保持美丽，就是保持内心世界的完整与坚韧，为什么不让自己赏心悦目呢？我们要用美丽来证明自己充满正能量，告诉所有对我们心存怀疑的人，即便生活再忙碌不堪，压力再大，我们都可以淡定地给自己化个妆，或者挤出时间看书学习。

修炼外在和内在是我们面对残酷生活所保有的一点儿温柔，它不仅只是用光鲜掩饰憔悴，更是一种骄傲的延续。

爱自己的人，会让自己持续美丽。

由于对美丽抱有一些偏见，我们总是忍不住发出这样的疑问："变美真的有用吗？管理好自己的形象，变成一个美丽的人，会不会被人骂作绣花枕头稻草芯呢？"

我想宋美龄爱美的故事给了我们最好的答案，她很好地向我们解释了什么叫作真正的美丽。

曾被评为"世界十大美人之一"的宋美龄，无论出席什么场合，都会化着精致优雅的妆容。有人说她任何时候都表现得非常完美，就像电影中那个活得相当精致的麦瑟夫人。冰心也曾高度赞誉宋美龄："她非常漂亮聪明，是一个有血有肉的女人，极有中国传统美德，又受现代文明熏陶。"

宋美龄的美不仅体现在她美丽的外貌上，还表现在她优秀的个人素养上。与蒋介石一同出席开罗会议时，她充分展示了自己的外交才干，一口流利的英语让与会者大为赞叹。事后，大会组织者表示能认识蒋先生以及中国，几乎全靠宋美龄。

所以，她作为特使去白宫访问时，能够得到超规格的贵宾待遇，被留住白宫，并且成为在美国国会发表演讲的第一个中国人。

她的故事揭示了这样一个道理：当一个人愿意对自己的外貌负责，愿意为了内在付出更多精力时，她的自律往往更容易获得别人的好感。

变美应该是由外向内的持续性改变，就像水滴穿石那样，缓缓打磨自己，让自己在岁月无情的流逝中逐渐散发出迷人的魅力，变得有气质，有气场，有气韵，有内涵。总而言之，变美不是一朝一夕就能完成的事情，而变美之后如何经营，也是很考验个人耐力的事情。

如果你用努力证明了自己是一个可爱且值得爱的人，美丽就是你抓住的一张王牌，因为维持美丽所要花费的心血，会让人觉得你有过得更好的底气。

别太纠结你没选的选项

说老实话，这是我不止一次听安儿抱怨她现在的生活有多么不如意，她的人生似乎在单曲循环，翻来覆去地唱一首歌，歌词只有一句："当初我要是怎样怎样，现在就不会混得这样狼狈"，我好几次提醒她：人生没有再来一次的机会，与其抱怨，不如活好当下。

她像是受了惊似的看着我，把眼睛瞪得像铜铃，沉默三秒后，又开始老调重弹，痛心疾首地吐槽："你难道不知道如果当初我选择留学海外，现在就不会栖身于一家小公司，做这份毫无价值感的工作，拿这样半死不活的薪水？"

我喝了口茶，看了她一眼："知道啊！但那又能怎么样呢？"

安儿似乎没有听出我语气里的敷衍，调整了一下坐姿，继续向我大倒苦水。

其实关于安儿的过去，我认为每一步都走得顺其自然，没犯什么现在想起来就捶胸顿足、以头抢地的错误。但是安儿不这样想，从小时候上舞台不该戴红头花，以至于演出时泯然众人，没有得到评委特别的关注，到中考时不该改了最后一道题的答案，以至于和理想的中学失之交臂。

她一直在埋怨过去的选择多么愚蠢，可是我觉得，这些选择都是必然的结果，比如演出戴什么花，难道不是老师为了舞台效果统一要求的吗。再比如中考数学大题最后一道题的选择，如果她平时夯实了学习基础，对答案成竹在胸，那么，在考试时就不会因为犹豫不决改错了答案，也不会因此和理想的学校擦肩而过。

这些和选错选项没有关系，倒是和她这个人的心态很有关系。

让安儿耿耿于怀的还有她大四那年没有选择出国留学，而是混在一帮考研大军中想着考重点大学的事了，结果研究生没考上，留学也因为错过雅思考成了泡影。

安儿每次说到这儿总是愁眉苦脸，露出一副后悔莫及的样子，她问我："你说我当初是不是有病，才会去选择考那么难的学校，放弃出国留学深造的机会。"

要是以往，我肯定会安慰他："算了算了，事情都过去那么久了，你再提只会增加痛苦，倒不如忘了这些，说不定还能活得轻松快乐些。"

但是这次，我不再惯着她了，我在她结束诉苦，仰起头等我安慰时，毫不犹豫地说出我一直想说的话。我说："安儿，这段话在最近三年间我少说也听你说了几十遍，这几十遍能让你回到过去，修改当时的选择，过上理想的生活吗？"

"事实摆在眼前，你根本没有办法回到过去，重新活一遍，你也没有办法改变现状，因为你总在追悔过去。"

"我当然同情你的遭遇，可是同情对改善你现在的生活没有帮助，倒是你这样的处世方式，让我怀疑你做任何选择，都不可能过得开心。"

为什么呀？因为安儿看起来好像错过了很多好机会，没有选到令自己幸福的选项，但其实，真正可以把生活过好的人，永远不会指望手上"发的牌"是老天爷给的最好的一副，他们有把烂牌打好的能力，选择只是做一件事的初始阶段，选择后怎么做，才是活得好不好的必要条件。

如果安儿当初在选择考研后，能够摒弃还可以出国留学的想法，心无旁骛地学习备考，那么，名牌大学研究生的头衔，多少还能在最初就业时给她点儿加持，让她能够进入更好的公司，有更好的发展前景。

当我们像祥林嫂那样不断抱怨："要是我当初怎样怎样时"，我们就永远脱离不了"生活在别处"的恶性循环。

我希望安儿能够早日明白这个道理。

和安儿相反，我朋友的弟弟涛是一个有主见，有执行力的人，研究生毕业后，他曾为"是回老家捧铁饭碗，还是待在女友所在的城市发展"苦恼过。

当初他的父母已经给他找好了关系，铺好了进入某事业单位的路，但是出乎意料，涛最后选择了留在女友身边，拒绝回老家过有保障的生活。

朋友说，涛这几年在外面生活得挺辛苦，每个月都在为小家庭的生活开销发愁。原来涛做出选择后，很快和女友结了婚，并在那座城市贷款买了套房。

我知道涛所在的城市房价很高，才工作的小青年供养起来势必吃力，我暗暗地想，涛每个月在还完巨额房贷后，看着所剩无几的生活费，会不会后悔当初的选择。

可是涛没有，他好像不懂后悔这个词怎么写，上一年出差我去了他的城市，顺道和他见了一面，坐在他家，我发现他脸上找不到一丝后悔的神情。

我问涛，现在过得累不累，想不想回家重新找工作，离父母近点，小家庭的负担也小一些。

涛搓了把脸，笑着把我接下去要问的话堵了回去："怎么说呢，我在这儿虽然累了点，但事业处在上升期，工作干得也有劲。"

"而且"，他望着对面白墙上挂着的结婚照，露出温柔的神色："当初我和妻子的关系非常好，让我舍弃她回家，我还真不愿意。虽然那时我也纠结过，痛苦过，但是，最后我收起了那些迟疑，坚定了自己的选择。"

"你说这是爱情的力量也好，是一时的冲动也罢，我现在生活还过得去，将来肯定比现在还要好，这就是我的选择，我认为行就行，和别人没关系。"

离开的时候，我望着头顶上的蓝天有些失神。

涛让我明白了什么叫"最好的选择"，举手无悔大丈夫，所谓最好的选择，就是你在深思熟虑后走的那步路能让你无怨无悔，不会纠结。

因为是你自己亲手按下了选择键，所以，吃苦享乐你都要自己承担。

聪明的人往往在选择前就已经考虑过会不会后悔，短视的人则会在后悔中反省当初的选择。

曾经有个学生向苏格拉底讨教人生的真谛，苏格拉底让他顺着一行麦子走，在从这头走到那头的过程中，摘一穗自己认为最饱满的麦子，但在此过程中，他不能走回头路，也不能在选择了一株麦穗后再选另一株。他吩咐完，便让他认真选择，于是学生走走停停，在麦地里挑挑选选。结果他很快就摘取了一个很饱满的麦穗，但在继续往后走的过程中，他又发现了比手上的麦穗更饱满的，于是开始为自己的选择懊悔，他请求苏格拉底再给他一次机会，好让他选到更饱满的麦穗，但苏格拉底却说："只能选择一次，请你们珍惜最初的机会。"

苏格拉底的弟子与其说不满意手上的麦子，倒不如说是对未选的麦子有不切实际的幻想，他们手握着已经到手的麦子，却在想象没到手的麦子一定更好。

我们很多人也会犯这种错误，沉迷于对"未选择"的幻想中不能自拔，但这种耽于过去，迷恋过往的行为其实是对现实的逃避。

每一种选择都有它的优势，也同时存在着某种风险，当你抱怨当初的选择是错误的，耽误了你的前程时，你更像是在宣告你无法解决眼前的困境。

只有在做出选择，努力奋斗，看到了选择的结果后，你才可以判断自己是否做出了正确的选择，除此以外，你所有的抱怨，都是掩饰你无能的借口。

选择很重要，选择后的行动更重要，做好每一次选择，尊重每一次选择。至于那些没选择的选项，要相信，它们永远是你生命中的插曲，而不是主旋律。

真正的高级，是优于过去的自己

一朵花开有一朵花开的时间，一颗星辰有一颗星辰的亮度。

岁月从不败美人，不败的就是那种把自己放在心上的人。

哪有什么称心如意，不过是看个人取舍

很久没联系的朋友滕加今天加了我的微信，她开门见山地问道："耳朵，我不想在现在的公司干了，能给我介绍一个好工作吗？"

我愣了好几秒，才打过去一行字："为什么？工作上遇到困难了？"

她回得很干脆，却让我一时语塞："不是，我总觉得这份工作很平淡，没有激情，也看不到前途。我想过自己的生活，最好能将爱好和工作结合起来，这样干活不累，还能轻松挣大钱。"

我不知道什么样的工作可以做起来轻松自如，还能挣大钱，一点儿都不浪费快乐的青春。

于是我问她："你觉得什么样的工作比较符合你的预期呢？你最好给我一个明确的方向，这样我才能找朋友问，看

能不能帮你的忙。"

滕加毫不犹豫地回答我："既能兼顾诗和远方，又能挣不少钱。"

我实在想不出哪个公司能开出这样优厚的条件，既能让员工活得充满诗意，又要兼顾高薪酬劳，于是我试探性地问她："你有感兴趣的公司吗？"

她回："就是没有才让你帮我找的呀。"

我心想，如果能找到这么好的工作，我肯定头一个离职，飞奔过去面试。

后来，我把这次谈话讲给一位我们都认识的学姐听，学姐笑着摇摇头，说："你理她干什么？她这是典型的好高骛远。这段时间，她拜托了很多人给她介绍工作，可大家一问她的条件，全都噤声了，她的要求根本就不现实。"

原来滕加在找到我之前，已经向很多人发过牢骚了，她跟他们讲自己工作多年却郁郁不得志，没办法在现在的岗位上发挥自己的才华，于是就想跳槽，找一个理想的工作，一边挣大钱，一边实现上大学时"诗和远方"的梦想。

滕加是这样对师姐说的：上大学时，大家都认为她是一个有理想、有内涵的姑娘，她也早早就规划好了自己的未来——要挣足够的钱，然后游遍世界，寻找生活的意义。可是，出了校门后，她才发现现实根本不像想象中的那么简单。

在办公室里，她默默无闻，每一次晋升都没她的份，她却把这些归结为自己运气不好——好的项目轮不到她去做，到她手上的都是些细碎的活儿；公司组织员工外出培训，从来不会想到她，倒是每天清理办公室，整理复印文件这样的事从来少不了她。她觉得自己一身的才华毫无用武之地，大好年华都消磨在乏味的工作上了，在现实里活得越是灰头土脸，她就越是惦记以前的梦想，每天都为此纠结，总觉得换份理想的工作，自己就能过得顺风顺水。

姑且不论她找到这种工作的概率有多大，就算幸运找到了，谁能保证在以后的工作中，她能干得风生水起呢？

滕加给我的感觉是，有理想、有抱负，不甘过普通的生活，却又不想付出太多。这就是不甘堕落又不思进取的尴尬表现，她以为自己所有的不顺都是因为运气不好，却没想过，是她没找准自己生活的定位，又想站高位，又怕花力气，所以才活得这么辛苦。

很多事情都不能做到两全，能够完成其中一项就已经很了不起了，当我们不能做到吃苦耐劳，自律奋斗时，何不老老实实过好当下的生活呢？

梦想当然是需要的，但好逸恶劳只能把它变成空想。

朋友眉向我讲述了她蜕变的经过，在我看来，这是战胜自我的最好事例。

当年的她，体重接近180斤，身高不到160厘米，过胖的体形让她走在街上经常引起旁人侧目，她也一度为自己的肥胖苦恼，因此决心减肥。

然而这个过程哪里只是嘴上说说那么简单，眉说她坚持了三天就受不了了，溜到超市买了很多零食，狠狠塞饱了肚子。

就这样，她总是先把自己饿几天，然后再暴饮暴食几天，结果非但减肥没成功，反而得了轻微的胃溃疡。这下她更没动力减肥了，每天窝在家里，打游戏，吃外卖。

眉说，要是她能忍受自己的肥胖也就算了，偏偏她内心十分敏感，走在街上很在意他人的眼光，有人注视她的时间久一些，她就觉得浑身不自在，像是受到了巨大的侮辱。

让眉真正下定决心减肥的导火索是一次求职面试的经历。在父母的哄骗下，眉一脸无奈地和众多面试者坐在了人事部外面的椅子上，其实她刚看到那些竞争者，就觉得事情有些不对头：那些面试者穿着笔挺的职业装，低头看着手上的资料，而眉呢，她肥胖的身躯上套着一件宽大的休闲装——处在一群西装革履的人中间，她像个格格不入的异类。

面试过程中，眉表现得非常拘谨，她知道面试官更看重的是个人的能力，但她总觉得面试官脸上有种异样的笑意。就是这种异样的笑意，让眉对自己不自信起来，眉发现自己越说越乱，越乱越结巴，到最后直接陷入了沉默。在这样的沉默里，眉叹了口气，对自己彻底失去了信心。

回到家后，眉一直回想着面试官脸上的那丝微笑，终于下定决心要减肥。

眉花了两年时间，终于使自己的体重降到了正常水平，她告诉我，身体轻盈了，生活也更轻松了。也许别人不会很看重自己的体重，但她不是那种想得开的人，与其抱怨自己一吃就胖，没有傲人的身材，不如咬咬牙甩掉脂肪，让自己轻松一点儿。

不纵容自己糟糕下去，才有更好的未来，与其担心生活是不是如我所愿，不如奋力拼一下，说不定你就能从苦难的夹缝里逃出，重新开始新的生活。

很多人都对自己的现状不甚满意，但是他们得出的结论却是：这一切和我无关，都是老天不赏脸，或者各种偶然巧合让我错失了良机。

网上有句话说得好："真正的顺其自然，是竭尽所能之后的不强求，而非两手一摊的不作为。"

你总觉得自己过得不顺心，是因为你不想竭尽所能，又不愿顺其自然。

这两种同时存在的想法就像两个小人，总在我们的头脑里打架，一个说我们该努力向上，靠自己打拼出一番天地；另外一个却一直扯我们后腿，在我们耳边低语："那么累做什么？人活着不能总是追求金钱和权力，还有放纵和自由呢。"

于是我们一面想做一番事业，一面又不忘及时行乐，当两者无法如自己所愿时，就如同活在夹缝里，迷惘又惶恐。

有人说："一个普通人到了三十岁就应该学会将就生活，东边不行，就将就西边。"

世界上哪有什么称心如意，不过是看个人取舍。

你喜欢平凡的生活，就不要抱怨没有前途；你要想过得好些，就不能没底线地纵容自己。

所以，即便是在糟糕的时候，也要找准定位，要么拼到感动自己，要么平凡到无怨无悔。

真正的乖巧，是看自己的脸色行事

有一次，和朋友们玩"真心话大冒险"游戏，那天的主题是："说一下最令自己讨厌的缺点。"由于大家都是熟悉的朋友，在一起嬉笑惯了，因此这个话题一被抛出，大家便积极参与，把自己平时不敢暴露的缺点纷纷以调侃的方式说了出来。

我记得有人因为嫌弃自己太胖，就想着减肥，没想到越减越肥；有人反省自己太固执，经常在生活中钻牛角尖，撞南墙撞到头破血流还在苦练穿墙术；还有人小声告诉我们，她小时候被家人传染了灰指甲，长大了越来越严重，吃了很多药都不管用，现在夏天都不敢穿露脚趾的鞋子。

这些缺点的自我揭露，让我突然看到了朋友生活最真实的状态，原来，没有一个人的人生是完美的，生活总会或多或少地给我们制造一些烦恼。面对这些缺点，大家听了只是一笑而过,口上说几句安慰的话,但都没有放在心上,倒是英子提出的一个问题,让我们集体沉默了:当世界并不温柔时,我们需要总是当一个乖巧的人吗?

英子看到我们陷入了沉思,就对我们讲起了那些让她懊恼的事情:所有的烦恼都是因为她太乖,乖到有时候她自己都难以忍受。

英子说,她小时候经常被人欺负,因为她太听话了,别人说什么她都相信,指挥她做任何事,她都不敢反抗。那时候,她所在的班级有一个霸王似的女生,那个女生仗着自己块头大,个子高,在班里耀武扬威,总是欺负比她弱小的同学,而生性温柔的英子自然是她重点欺负的对象。那个女生让英子做任何事情,她都不敢违抗,乖乖地照着她的意思去做,她以为只要自己不反抗,表现得乖顺一点儿,那个女生就不会再找她的麻烦。

但事实证明,她越是乖巧,就越被欺负。有一次,那个女生做错了事,却威胁目睹事件的英子,不让她说出去,英子果然不敢声张。后来,有同学揭发了那个女生的错误,英子也被牵连,倒霉地跟着那个女生一起被老师训了一顿。

这件事让英子记忆深刻,可是再难堪的经历也没让英子长记性，直到现在，英子还是一个十分听话的女孩。在家里，她无条件地服从父母的任何安排，做着自己不喜欢的工作，因为那是父母安排的。为了避免与长辈发生冲突，她极力压抑着自己，让自己活得既委屈又疲倦。

英子告诉我们，在职场上，她这种听话的性格同样给她带来了不少困扰，领导安排的工作，哪怕不在她的职责范围内，她也会硬着头皮去做，结果常常出了力还没讨到好，被领导训斥一顿，让她更加怀疑自己的能力。再看看周围的同事，似乎很少有人会有这种莫名的烦恼，她们都不太在意别人的眼光，活得都很潇洒，这让英子很羡慕。

说到这儿，英子的眼里明显有了泪花，她知道所有的问题出在自己太过乖巧，不懂拒绝上，但她没有办法改变自己的性格，她觉得要是自己不听话，就会被人指责"不懂事""太叛逆"，而这样的指责，是生性温和的她无法承受的。

仔细思考英子烦恼的根源，我们会发现，她害怕的其实是怕人指责，让人失望，但这些其实不会给英子带来什么实质性的伤害，反倒是过于乖巧、不懂拒绝让她承担了太多心酸。

当英子用乖巧博取别人好感的时候，她其实也放弃了让自己的声音被人听到的机会。

不懂如何生活的人，只能盲目地听从他人的指挥。

习惯听取别人的建议，习惯满足别人的要求，其实是在给自己设限，让惰性深入骨髓，阻止自己自由地思考，自由地发挥。而那些表现得并不乖巧的人，看起来锋芒毕露，不太好说话，但是和他熟络后，你就会发现，这种"叛逆"让他看起来酷极了。

我在一本书上看到过这种酷酷的人物，他原本也是个乖孩子，无论什么事情，都要征询父母的意见，为了别人的一句好评，他可以放下主见，极力迎合他人。但时间久了，他发现自己并不开心。于是，他决定听一听自己的想法，发掘自己内心真正的需要。

他说，他是从小事慢慢改变的，比如，他不喜欢戴厚厚的框架眼镜，就给自己配了一副隐形眼镜，别人取笑他"太要好"，他也不放在心上，用他的话说："如果我连戴什么眼镜的自由都没有了，我活着还有什么意思。"

自从坚持自己的立场后，他活得轻松多了，他仍然努力地读书，但是不会为了读书放弃自己的爱好，他的老师和家长都劝他把打篮球的时间花在学习上，他笑了笑，每天放学后继续在操场上打半个小时的球。在之后的几次模拟考试中，他的成绩一直名列前茅。他告诉父母，打球对他来说不仅只是一项喜欢的运动，还可以活络他坐得腰酸背痛的筋骨，放松一天到晚紧绷的神经。父母和老师见他打篮球没有影响学习，也就不再劝他了。

大学毕业后，他的父母给他安排了稳定的工作，可他不想过那种按部就班的生活，于是拒绝了父母的安排，一个人来到北京，做起了汽车网站的外场记者。虽然这份工作工资不高，可是有钱难买心头好，他在自己喜欢的岗位上干得不亦乐乎，天天都很快乐。

做一个乖巧的人很容易，只要憋着不把"不"字说出来即可，然而这个"不"字体现的不仅是你又帅又酷的特性，还意味着，你有那样的底气拒绝别人替你做的安排，过自己想过的生活。

说"不"的人不一定讨所有人喜欢，但你活着又不是为了满足所有的人，你的"不乖"恰恰说明你的靠谱，你可以全力以赴地活出自己的模样，用真本事实现内心的情怀，对"说不"最好的回报也不过如此。

世界又不温柔，我们不需要总是很乖。

　　生活需要你排除很多干扰，摒除许多声音，不轻易向外界求助，不刻意讨好他人。只有真正做到看自己的脸色行事，我们才算掌握了人生的主动权。

　　世界不需要我们时时刻刻做一个温柔的人，偶尔的叛逆，偶尔的尖锐，偶尔的不屑，又有何不可呢？要想活得轻松些，不必总是看别人的脸色。

　　因为活出自己的人，通常不会表现得很温柔。

好看的皮囊是有趣灵魂的投名状

我和朋友小荷年龄相当，身高相仿，体重差不超过三斤，姿色也在同一水准，照理说，我们走在街上的回头率应该是差不多的，但一次旅行的经历，却让我明白了：化妆和不化妆，真的会有截然不同的待遇。

那次，我和小荷双双请了年假，去大西北的沙漠来一趟浪漫之旅。由于连夜赶飞机，再加上倒班车，到达旅馆门前时，我已经精疲力竭，气色也差极了，再看小荷，她大概是趁我短寐的时候，给自己上了点妆，暗黄的肤色变得白嫩通透，恰到好处的眼影遮去了满眼倦色。我摇摇头取笑小荷太在意自己的形象，累成这样还有心情捯饬自己，小荷却对我嫣然一笑，涂着口红的嘴唇在大清早的阳光下鲜艳夺目。

我们拖着行李箱同时站在旅馆服务生跟前，那个年轻的男孩分别朝我和小荷看了一眼，他先给小荷开了门，在小荷进门时还顺手帮她把行李箱拎到了大堂里，整个过程一气呵成，态度好得堪称劳模。离开时，那个服务生朝小荷又是点头，又是微笑，而反观我呢，从头到尾没被正眼看过。我无语地看了一眼男孩的背影，真的很想知道他这么偏心的原因。

后来，和小荷去服务台办理登记手续时，我又遇到了类似的情况，两个女生冲小荷叫"美女"，冲我叫"大姐"，直到看见了我身份证上的出生年龄，才改口也叫我"美女"。

办完入住手续后，我走进带有镜子的电梯间，发现自己的脸色更难看了。小荷抿嘴朝我一笑，安慰我道："这不把称呼纠正过来了吗？你一晚上没睡好觉，脸色差了点，眼皮垂了点，这都很正常，现在回去好好补一觉，等睡饱了，精神恢复了，再回头让他们瞧瞧什么叫素颜美人。"

做素颜美人可是有很高的要求的，我深知做素颜美人的代价，对于我这种经常需要加班熬夜，又舍不得花大价钱买护肤品的人，还是老老实实地通过化妆保持自己的形象吧。

第二天一大早，我就借小荷的化妆品给自己化了一个美美的妆，在和她手挽手出门时，服务台的女生称赞我气色比昨天好多了，昨天那个没正眼瞧过我的服务生也主动向我示好，给了我一个大大的笑脸。

在这之前，我一直不相信化妆会有这样神奇的效果。在去景点的路上，我把它当新发现讲给小荷听，小荷沉思了一会儿，告诉了我她对这事的看法。她说，与其把别人的态度转变归结为神奇的化妆效果，倒不如讲，以貌取人是一个人很正常的心理反应。

大家都喜欢容光焕发、神采奕奕的人，因为这样的人会给我们精神饱满、健康向上的感觉，和他们待在一起，我们会觉得自己也充满了精气神，就像一颗向日葵，总是朝向明媚灿烂的阳光。

我妈有一位小姐妹，几乎所有见过她的人都说她似乎永远也不会变老，这倒不是说她驻颜有术，可以永葆青春，而是和她接近的人都会被她干净清爽和清秀淡雅的形象吸引。

这位阿姨已过了花甲之年，可你在她身上几乎看不到岁月摧残的痕迹，人家几十年来做足了内修外养的功夫，往她身边一站，你就能体会到什么叫作"静日玉生香。"

无论任何时候，这位阿姨都保持优雅的生活姿态，脸不洗干净，不擦护肤品，决不出门；牙齿一天刷三次，还会定期去牙医那儿洗牙；衣服每次晾晒后都要用熨斗仔细熨烫一遍；一头秀发保养得乌黑发亮，散发着桂花油的香味。

曾有好事者背着她偷偷问她儿媳妇："婆婆打扮得这么齐整，你会不会膈应得慌？"阿姨的儿媳妇白了好事者一眼，回道："我还特别羡慕我的婆婆呢，怎么会觉得难受？"

谁不想和一个清清爽爽的人待在一起？那些说不在乎外表，喜欢随性生活的，肯定是没和邋遢的人在一起待过的。

阿姨和我的关系还不错，有一次，她还亲自传授了我穿衣打扮的要领。依照她的搭配方法穿衣，我即便在最忙的时候，也能保持得体的样子。

岁月从不败美人，不败的就是那种把自己放在心上的人。

哪怕你腰缠万贯，能力超群，都不如静下心将自己认真打扮一番。生活里从不缺忙碌、焦虑、风尘仆仆，只有我们把自己收拾好了，才能精神勃发，迎向未来不可预测的种种。

网上有人问，以貌取人的貌到底该如何定义，才能表现得不那么势利？

我想，以貌取人的貌绝不是只指我们的外貌，大家都是普通人，真正长得出类拔萃的没几个，如果单纯用相貌来解释，大部分人恐怕都要被嘲笑。

真正好看的貌，与其说是一个人的外形，倒不如说是一个人的姿态：性格写在唇边，幸福露出眼角，温柔寄于声线，真诚映在瞳仁，站姿看出气度，坐姿展现风情，步态可见自我认知，眉眼是生活的密语，衣着见个人审美。

所谓好看，是你精心修饰的结果，这样的修饰，包含你的耐心、细心，以及责任心，因为要成为一个美人是很难的一件事，变成一个又美又酷的人更是难上加难。可是生活即使再难，也不应该放弃自己，以"肤浅的人才看外在"作为借口，把自己往灰扑扑里乱丢。

能把外形打理好的人，肯定也不会亏待自己的内在，因为他知道，这个社会是先看脸，再看其他的。

你的内在深藏不露，但不是所有人都会慢慢去研究、去观察的，可是外在就摆在那儿，把脸打理好了，最起码已经做到了尊重自己的第一步，这样的尊重是别人一眼就能看出来的，你愿意花多少时间重视自己的面子，你也肯定愿意花更多的时间提升自己的里子。

王尔德说："只有浅薄的人，才不会以貌取人。"

换句话说，就是浅薄之人也是不在意外形的人。不在意自己的外形，也就别指望别人能高看你。

林肯的故事也讲述了同样的道理。有一次，林肯的朋友向他推荐了一位才识过人的阁员，但林肯只见了那人一面，就婉拒了朋友的推荐。朋友问他原因，林肯说："这个人长得太丑，我不喜欢他。"

朋友惊呼："一个人好不好看有那么重要吗？"

林肯回答："一个人过了四十，就该为自己的外形负责。"

心理学家告诉我们：外形不是天生的，它是长期的心理与行为在脸上投射的结果。

内在再优秀，如果没有外形支撑，都算不上完美，**你的外表是你涵养的投名状**，你越重视它，就意味着你越有味道。

那么多事例告诉我们外在是多么重要，我们怎么可以跳过面子，直接去修炼里子呢？

重视自己的形象就是给自己打造一张有魅力的名片，管理好自己的外形，人们才有兴趣挖掘你深藏的美好，并在赞叹你美丽的同时，为你强大的内心所折服。

一个人的容貌里，藏着他读过的书，走过的路，经历过的风雨。维护好自己的外表就是维护好自己的人生，**有趣的灵魂久处不厌，但你首先要有好看的皮囊。**

再亲密的友谊，也要有些空隙

禾珊是我学生时期最要好的朋友，我们是大学室友，四年里同吃同睡，同进同出，即使不在同一个教室上课，其中一个也必定要等另外一个下课后再一起回宿舍。这样的友谊，用其他同学的话来说，就是"加了防护栏的友情"，特别稳固。

她性格很好，是老话里说的那种"烂好人"，无论遇到什么委屈，都不会发火或抱怨一句。在她看来，"多一事不如少一事"，但其实她只是不知道如何处理这些问题，所以宁可被人欺负，也从不还嘴。反倒是我经常会因为看不过去，主动帮她出头。

大学四年里，她的所有事情几乎都需要我帮她拿主意，小到早餐吃什么，选哪门选修课，大到过年回家订哪天的票，期末考试如何复习，等等。

有时候，我甚至觉得自己像是养了一个和自己同龄的女儿，但因为禾珊是我最好的朋友，所以我心甘情愿，而禾珊同样甘之如饴，我们就这样一起走过了大学四年。等到大学毕业，禾珊得知我要留在大学所在的城市之后，也选择了留下来，并要求和我住在一起，我欣然地答应了她。我们依然过着大学时期一样的生活，她的大小事情全都由我来安排，包括很多工作上的事情，我也会帮忙解决。

后来，禾珊在工作上遇到的一件难事，让我猛然意识到，我们的相处模式存在太多的问题。

有一天，禾珊哭着跑了回来，对我说她的上司扬言要辞退她。我吓了一跳，连忙询问发生了什么事。原来，一个月前，禾珊的上司曾叫她去拓展客户群，以便向更多的人宣传他们公司的产品，并且给了她一个月的时间来熟悉产品。

接到这个任务后，禾珊自然不敢怠慢，做了充分的准备，但由于过分腼腆，她在面对客户时，说话结结巴巴，让客户听得一头雾水。最后，生意没能谈成，这对公司来说无疑是个巨大的损失。

禾珊的上司知道这件事后，非常生气，指着她骂道："成事不足，败事有余。"

听了禾珊的话，我觉得有必要找她的上司解释一下，于是，我拿起禾珊的手机，找到她上司的微信号，准备好好和对方谈一谈。但让我没想到的是，当我的消息发过去之后，竟然被对方拒接了——上司将禾珊拉黑了！而更让我想象不到的是，除了禾珊的上司，她的好多同事也都屏蔽了她。

到底发生了什么事？一时之间，我也有些摸不着头脑。那天晚上，我躺在床上辗转反侧，深思了一夜，才终于想明白，之所以会出现这样的情况，和禾珊的社交能力太差有很大的关系。

在禾珊和我做朋友的这些年中，她的人生看似一切顺利，可事实上，她什么都没有学会，她像传说中那些带有翅膀可以飞行的蜗牛一样，因为懒于锻炼，所以丧失了飞行能力。也就是说，胆小的禾珊因为我没有原则的保护，失去了本该拥有的人际交往能力。

想到这里，我做了一个决定——让禾珊尽快搬出我的房子，独自一人生活。听到这个消息后，禾珊惊讶无比，红着眼睛表示想和我继续住下去，可我还是狠心拒绝了她的请求。她再三央求无果后，最后哭着搬走了。

我的做法似乎伤害了禾珊。从那以后，她便和我断了联系，每次我打电话过去，一直提示忙音——把我拉黑了。

虽然我的做法很无情，但相较于一直给她保护，让她失去独立的能力，我更希望她可以独自成长，能够独自面对这世界的风风雨雨。

只是让我遗憾的是，我通过其他大学同学了解到她的情况并不好。在搬离我的公寓后，禾珊没能通过自己的努力在这座城市站稳脚跟，很快便回了家乡。后来，她在父母的安排下，找了一份稳定的工作，嫁给了父母替她选择的对象。

事情发展到这里，似乎还不算太坏——如果这样的生活是她所希望的，那么她也算是求仁得仁了。但2018年初，禾珊又来到了这座城市，并主动和我取得了联系。我这才知道，她才结婚半年，就离婚了。

离婚的原因很简单，她的老公觉得她太幼稚，像一个未成年人。

那次见面，我们聊了很多，从学生时代一直聊到她的婚后生活。从她的眼中，我能看出在搬出我公寓之后的这几年里，她过得并不开心。当我问她以后有什么打算时，她说她已经决定去卖保险了，而且她坚信这份工作会给她带来很大的改变。

对此，我表示会拭目以待。

那次见面后，我们都因为工作太过忙碌，所以很少见面，但每次见面，我都能发现她的改变，不管是外貌还是气质，她整个人渐渐地散发出以前没有的神采——她真的在改变，并且变得越来越好。

有时候，我会忍不住去想，如果当初我没有狠下心来将她赶出我的公寓，她的人生会变成什么样子？很多时候，我们在遇到困难的时候，都寄希望于朋友们无条件的帮助和支持。但长此以往，友谊便会在这种毫无距离感的互动中变质，这种变质的友情不仅让我们失去了人与人该有的界限，也让我们变得没有主意，喜欢依赖他人。

你看，太过亲密无间的友情绝对不是人间佳话，事实上，它会拖我们的后腿。

三毛说："朋友再亲密，分寸不可差失，自以为熟，结果反而易生隔离。"分寸感是人与人交往的保护膜，它可以给人营造适度自由的空间，给人一定的保护，也会给双方成长的机会。

反观我自己，在和禾珊的交往过程中，我管得实在是太多了。

我把自己看得过分重要，不知不觉中抢夺了本该让禾珊自己做决定的那部分，将属于她的锻炼机会全部抢来锻炼了自己，把她该经历的风浪都挡在了自己身后。而做这一切时，我还沾沾自喜，觉得自己很强大，是个善解人意的好朋友。

幸亏我及时醒悟，放她独自一个人去生活，这才给了她成长该有的空间和条件。

我在网上曾看到过这样一句话：人世间最难得的是友情，但更宝贵的是自由和距离。就是这句话，让我明白了什么才是真正的友情——**一朵花开有一朵花开的时间，一颗星星有一颗星星的亮度，一个美梦有一个美梦的深情。**

朋友间性格相仿，志趣相投，可以走得近一些，但是这不能妨碍他们各自成为一个独立的人，即使友谊的彩虹架满整个天空，也不要忘了保持适当的距离，那是为了能让我们有独立行走的能力。

真正的文艺，是发自内心的欢喜

双休日，我被雪莉拖着去了一家咖啡馆喝咖啡，这间咖啡馆装修复古，鹅黄色的外墙上爬满了绿色植物，鹅卵石铺成的小径一直通向咖啡馆内，墙角小池边摆放着不知从哪搜罗来的旧式收音机，圆圆的大喇叭看起来既复古又俏皮。当你走进这家咖啡馆，就会马上被十几只各色品种的猫咪包围，在它们的亲昵中，很容易就会忘记心中的烦恼。

我被这些可爱的猫咪虏获了，低头蹲在地上和它们玩了半天，再次抬起头时，发现雪莉正拿着手机殷勤地发朋友圈。两只猫在她脚边蹭来蹭去，她却视若无睹。我凑过去，好奇地看她在朋友圈发了些什么，原来在我和猫咪互动得忘乎所以时，她已经迅速抓拍各种镜头，把自己和猫的合照一一上传，还在照片下方打了一段很文艺的文字，大意是说：人生最美丽的时候，莫过于和美好的事物相遇，别人不能告诉我们生活的答案，这群猫可以，英格兰短尾和美国蓝猫不会伤春悲秋，有小可爱的地方就有满满的暖意。

我看着这段似是而非，充满文艺气息的话目瞪口呆，不知道她怎么能在那么短的时间内，就已经准备好了发朋友圈的素材，更不明白，我们走进这间咖啡馆前后不到十分钟，她怎么就能通过这群猫，找到人生的意义。

更让我感到吃惊的是，发完后，我们都没来得及尝一口香浓的咖啡，雪莉就已经掏出一本书，摆在原木色的桌上，从各个角度拍了起来，为了达到逼真的效果，让人相信她是真的在读书，她还当场造假，拿出准备好的色笔，写写画画，弄得跟真的读过一样。当然，最后她也没忘第一时间把这本书发到朋友圈中，并配上一段美丽的文字，极尽所能地展现自己的文艺范儿。

接下来，雪莉做的最多的事情就是频频点开朋友圈，每当有人点赞或者留言"美女，你真文艺啊！"这类文字时，她会马上兴奋地大声读出来，向我证明她在朋友中有多受欢迎。

我提醒她，再不喝咖啡，咖啡就要凉了，她却捧着手机回复得不亦乐乎，根本不搭理我的催促。

等到傍晚时分，我们迎着夕阳的余晖踏上回家的路时，我终于忍不住问她为什么要在朋友圈里装得那么文艺。

她瞪大眼睛无辜地望着我，惊讶地回道："我这是在装吗？我真的就是这么过的呀！"

好吧，我忍住翻白眼的冲动，把很多话硬生生吞回了肚子里。

这种生活，如果一定要说哪里和文艺范儿有关系的话，我只能回答："装得挺像！"

你以为去了趟有猫的咖啡馆就是充满柔情的小清新？摆了一本没读过的书就和庸俗划清了界限？你以为发几句感慨就是有思想、有内涵的证明？得到朋友的点赞就是被人认可、被人欣赏？

如果你认为文艺范儿就是这样幼稚的表面功夫，我也只好说，你这是把一张被玩坏的文艺标签硬往自己身上贴。

真的文艺不需要人每分每秒通过照片无死角地呈现出来，它是一种自发形成的气质，这种气质绝不是十天半个月就能培养出来的。

有句话不是这么说的吗："你越缺什么，就越晒什么。"

所以有人表面看起来无所不能，但真相却是他一无所能。

真正的文艺青年给我的感觉向来是低调安静的，当然，他做事可能也会十分高调，但是他做人绝对是很安静的。

有一段时间，我经常去朋友家玩，她的妹妹让我留下了十分深刻的印象。

如果说文艺范儿也有等级的话，她妹妹就是那种踏雪无痕式的，安静、温和，一点儿都没有骄矜虚伪的气息。

她的妹妹特别喜欢美术，上大学的时候，就利用所有闲暇时间，跑遍了国内著名的美术馆，虽然她所学的专业和美术毫无关系，但为了画一笔好画，她挤出时间和金钱，专门请了高校的美术老师为她辅导作画，她也在长期的美术鉴赏中确定了自己对版画的兴趣。

毕业后，她依然没有放弃画版画。经过几年的练习，她居然在版画界开辟了自己的小天地，有了属于自己的工作室，还会经常获得国内外的各种奖项。

版画只是她的其中一个爱好。她喜欢插花，便买来相关书籍，认真学习；她喜欢看电影，各种大片的经典台词能倒背如流；她喜欢去咖啡馆看书，可是从来都是静心阅读一整天，从不会拍照发朋友圈。

她去各地旅游，靠车窗吹个小风都能觉得心满意足；她喜欢茶道，会在落地窗边收拾好一张茶桌，静静琢磨茶道技艺。

从认识她到现在，我只见她发过几张自己的版画作品，生活中真正岁月静好的场景，她从来都不会刻意宣传。

有时候我真的很佩服她这种定力，年纪轻轻却十分稳重，不喧哗，不浮躁。她告诉我：**"真正的文艺范儿不是给别人看的，是给自己享受的。"**

网上有句话说得好："这个世界上的文艺青年有很多，有的人努力告诉别人她有多么文艺，有的人就活在文艺中，却不知道自己很文艺。"

不管是故意展示还是无心宣扬，"有文艺范儿"从来都是先有文艺后有"范儿"，文艺是发自内心的喜欢。当文艺真正成为你所钟爱的，成为你追逐的目标时，你就离"范儿"的距离越来越近了。

趁着年轻，偏要勉强

小月是我见过的活得最随性、最没压力的一个姑娘。

她视生活为游戏，凡事抱着无可无不可的心态面对，遇到没有难度的事，倒也能够一鼓作气地完成，但如果遇到的事稍有波折，她就马上退缩不前，任凭旁人怎么劝，都休想让她迎难而上。

小月说："人活百年也不过三万多天，这也勉强，那也为难，那还活个什么劲，活着难道就是和为了自己过不去？"所以小月在该勉强自己的时候，绝不肯出一点力气"为难自己"，她像是个胀鼓鼓的皮球，一遇到生活里的一点尖锐，就马上泄了气。

她这种性格让她不止一次错失"只要稍微努力下就能做到的"良机，向困难挑战她是不敢的，年纪轻轻就只图安逸，把奋斗看成是和自己过不去。

小月大学毕业那年参加了研究生考试，可惜发挥失常，和理想的大学失之交臂，她的分数离报考大学的录取线相差不过三分，本来只要再努力一年，就有很大的几率可以考上，可是小月说什么都不愿再去考一次了，她说："我已经尽力了，勉强自己没意思，万一下次又没考上，说出来不是更丢人么？"

一点都没勉强自己的小月就这样进了老家一家企业干起了产品策划的工作，她依旧是老样子，对待事业得过且过，十分惜力，不肯沉下心来好好钻研。

有一次公司委派她在一项大型活动上向客户介绍某项新产品的性能——领导看小月是个大学生，年纪正轻，学历又高，因此交给她这项任务，希望她努力一番，给客户留个好印象。

小月一接到任务就忍不住跟我姐吐槽，她说自己根本不熟悉业务流程，勉强她向客户介绍产品就是赶鸭子上架，她埋怨领导故意和她过不去，知道她平时少言寡语，偏要她在大庭广众下做宣传。

我姐姐劝慰她："你努力一下不就行了，背几句广告词而已，人家领导就是看你年轻，有活力，才让你干这个活儿，这是个机会，只要表现得好，你一定能在公司有更好的发展。"

小月撇着嘴巴，一副受尽委屈的样子："我看就是和我过不去。"

三个月后，产品展销会在小月他们公司隆重举行，前面几个流程进行得都非常顺利，等到小月向客户介绍产品时，展销会出现了很不和谐的乐符。

原来小月没有把该产品的性能背熟，再加上她一面对人群就慌张，所以把介绍词说得结结巴巴，该强调的重点没强调，不该说的语气词倒是说了一大堆。于是，在小月一连串的结巴、停顿中，客户们皱起眉头，对这个产品也失去了兴趣。

结果可想而知，小月从此在领导心目中的地位一落千丈，什么大活小活都轮不到她干，冷板凳坐了半年后，小月因为受不了这种冷遇，主动提了离职，而这时距她参加工作还不满一年。

没了工作的小月仍旧没想改变自己，她还是那样拈轻怕重，不肯付出，辞职后也找过几份工作，每次都干不了多长时间，都以"我胜任不了"为借口，讪讪辞职。

世界上当然有我们不能胜任，无法承担的事情，但以我们的资质，还远没有达到需要我们去承担这些重任的地步。

所谓的不能"胜任""无法承担"，更多的时候，不是条件不够、能力不足的表现，更多的是好吃懒做，想躺在舒适区里尽享安逸。

你所吃的每份苦都会在未来以甜的方式回报给你，而你今天从不肯勉强自己受的罪，也会在某一天成为你追悔莫及的眼泪。

有人见过早晨三四点钟的月牙吗？

朋友洪磊说他经常看见。

那时候天欲明未明，月牙的光华已然褪去，弯弯的月亮像指甲印，淡淡地嵌在深蓝的天幕上。

洪磊自从做了舞美，他就过上了日出而作、日落也不息的生活。

很多人都劝他悠着点，身子干坏了就没了革命的本钱，洪磊却笑着告诉他们，他就想趁着年轻勉强自己一把，在没有触到能力极限之前，他不愿就此收手，给自己留下遗憾。

洪磊三年前在艺术学院的毕业典礼上暗暗发誓，他一定要成为舞美界的大师级人物，不辜负自己这么多年来的寒窗苦读。

他不仅这么想，也确实这么做了，明知道舞美界人才济济，毕业多年的前辈都经常找不到合适的工作，他却一头扎进这个行业，哪怕是做类似小工的助理，也干得津津有味，一丝不苟。

洪磊说他有一阵子也深感迷惘，下班后坐在出租屋门口，抽了一根又一根的烟，不知道什么时候才能实现自己的抱负。

但这种失落也就是短暂的出现几次而已，等烟抽得差不多了，洪磊会回到屋里，点亮台灯，依然在图纸上写写画画，为最急的舞台设计设计一份完美的方案。

洪磊的女朋友因为受不了他的冷落，在一年前向他提出分手，洪磊答应她，他知道自己现在无法给她想要的生活。

他为最严格的导演设计过舞台背景，给最挑剔的演员讲过设计意图，他和演出公司签下过条件苛刻的合约，为了让别人接受自己的设计，一次又一次地登门拜访，直到别人理解为止。

现在的洪磊，虽然还没有过上理想的生活，但他觉得事业在慢慢上升。他有信心，在未来的五年内成为行业中的佼佼者，他一步一个脚印儿，稳扎稳打地让自己走向成功。

会勉强自己的人，大概很少在生活里出现"阴差阳错"的事，因为他已经用努力将出错的几率降到了最低，洪磊看起来活得笨拙而吃力，但谁也不能否认，他不甘心的样子看起来真的很酷。

当他给自己不断加码，不断施压的时候，他的未来也在一点点变好，幸福就是靠"勉强"来的，她就像个万人迷，所有的止步不前，都将错过美人的芳心。

网络综艺节目《奇葩说》里的选手詹青云，雄辩滔滔，语惊四座，但谁能想到这个哈佛大学的高材生出生在贵州农村一个普通的家庭里。

小时候被称为神童的詹青云，一上学就发现自己成绩不好，跟不上学习进度，她在班上默默无闻，不受老师的关注。

幸好当教师的妈妈一直鼓励她，给了她很大的帮助，渐渐地，詹青云的成绩上来了，后来凭借自己的努力，去了香港中文大学念书，又因为感受到辩论的乐趣，大学毕业时，选择了考司法学院——这和她学的经济学根本八杆子打不着，但她居然坚持了下来。

她"勉强"自己一次次学习，一次次奋斗，终于成了辩论场上的新星。

詹青云对自身的成功，总结了一条经验："趁着年轻，偏要勉强"

勉强不是明知不可为偏要去为，去撞固若金汤的南墙，它应该是你持有正确的目标，拼尽全力去争取，活成更好的自己的行动。

年轻的时候"勉强"自己一回，说不定还能感受到破茧成蝶的快乐，要是早早熄灭了奋斗的花火，你也只好在现实中两眼一抹黑。

所以趁着年轻，你还是"任性"地勉强一回吧。不要怕勉强的结果是什么，再差也差不过你站在原地不动。

两个自由的灵魂相爱，
才能成就美好的爱情

聪明人会利用爱情让生活充满趣味，

软弱的人则用爱情把自己糟蹋得面目全非。

要想让爱情更牢固，走得更长远，

还是要改变自己，给爱情，给对方，

也给自己一些自由的时间和距离。

爱情里不需要过分独立

前不久，合作伙伴兼好友李媛向我宣布她的第三次恋情告吹，当时，我正和她坐在一间咖啡馆聊最近合作的项目。她在我敲定方案后，才告诉我这件事。我含着一口咖啡错愕地盯了她很久，直到她再次把她已经分手的事实重复一遍，我才回过神来，搜肠刮肚地组织合适的语言想好好安慰她。

李媛没等我开口就摆手示意我不要多话，她说，她能够应付失恋这件事，又不是没有这样的经历，别整得像灞桥送别那样凄凄惨惨。

回到家后的那个深夜，我在刷手机时无意中看到了她发的一条动态，上面淡淡地写了一句话："说好这次要走一辈子的，差一分，差一秒都不算一辈子，你为什么食言？"

从这句话中，我感受到了她极度的难过。但还没等我回过神来，她就把这条动态删除了，我看着她空空如也的朋友圈，仿佛看到一团巨大的空虚盘踞在她的心头。

几天后，我又遇到了刚从忙碌中抽出身的李媛，特意询问她为什么分手。她盯着我身后的白墙看了好一会儿，才轻轻地告诉我："没什么，他嫌我不够爱他。"

她真的不够爱自己的男友吗？当然不是，我知道李媛一直很珍视这段感情，号称"拼命三娘"的她，会利用午休时间溜到附件的高档商场替男友买服装或者配饰，只要有空，她就会去男友的出租屋，帮着他一起洗洗刷刷，和他一起看场电影。她记得男友喜欢的每种口味，尽管每天很忙，不能亲自下厨，但每次出门用餐，总是尽量迁就男友的喜好。

如果这些都不是爱，我不知道怎样才能证明一个人是爱对方的。

可是李媛告诉我，他男友嫌她太过独立，和她在一起没有被依赖的感觉，他觉得两个人的角色完全换了个位置，他一直被李媛照顾着。和李媛在一起，他感受不到女朋友的温柔可爱，只觉得自己像是和某个女上司在一起，整天提心吊胆，总是害怕自己说错什么，做错什么，被责备一番。

李媛还说，男友嫌她做任何事都客气得过分，家里出了什么问题，她都不和男友商量解决，有时候等男友知道了想要帮忙，李媛却告知他事情已经告一段落，不需要他插手，如果男友要多嘴地过问两句，李媛就显得很不耐烦，告诉男友别再啰唆。

李媛生活里的一切似乎都和男友无关，电灯坏了，自己去换，电脑坏了，自己去修，男友几天没联系，她也不会放在心上，就连老家要翻修房子，都是李媛一个人联系工人，悄没声息，几天就安排好了所有琐事。

事业上处处要强，生活中如同女侠，这样的独立，不是每个男人都能忍受的。

李媛最后对我说，他男友最不能忍受的是他们之间居然没有深情互动，每次该深情凝视或者互相告白的时候，李媛总是煞风景地来一句："哦，时间不早了，我要去干什么什么了，明天我们这个时间见，你把家里整理一下，我刚才进门的时候就发现屋里脏得简直不能忍受。"

就这样相敬如宾地谈了几个月恋爱，李媛发现自己的男朋友有了外遇，她见过那个女孩，是小鸟依人型的。她说，在发现男友背叛自己的时候，她感受到了巨大的伤害，用痛不欲生来形容都不夸张。可是，她没有当着他们的面哭闹、挽留，而是看了他们一眼，什么都没说，调头走了。

男友后来追发给她一条短信，告诉她，她有这样的反应，他一点儿都不意外，因为他根本感觉不到李媛对他的爱，李媛的行为果然没有出乎他的意料。

李媛问我："爱一个人一定要表现出轰轰烈烈，一秒钟都离不开对方的样子吗？"

我回答她："就算不能表现得过分依赖，但是过分独立，也会失去亲密的爱情。"

当你如金刚芭比一样独立自强到没有空隙，怎么能让对方的爱意伸进来安营扎寨呢？

男友是需要你偶尔撒娇，偶尔脆弱，偶尔耍小性子，偶尔表现得柔肠百结的，因为这样的表现会让他确定自己是被需要、被在意的那一个，如果你总在他面前表现出事事要强、什么都行的样子，那么你给他的感觉就是一个关系还不错的合租室友。

很多男生告诉我，他们喜欢有点黏人、有点脾气的女孩子，觉得她们偶尔的示弱和楚楚动人，可以勾起他们的爱怜之心，朋友阿勇甚至对我说，是绝对不会嫌弃女友撒娇黏人，而且自己也是一个很黏女友的人，只要女友要求合理，他一定会照着去做，给她充分的安全感和满足感，不会找任何理由推脱。

阿勇是那种说到就能做到的成熟男孩，他和女友谈了整整三年恋爱，据他说，他们红脸的次数不会超过三根手指。我问他是如何做到这一点的，他言简意赅地回答："就是要用心体会伴侣的感受呗。"

阿勇很喜欢玩电竞，可是女友有时候想要他陪着去找好吃的，他就会尽量满足女友的要求，不会让她打电话给闺蜜，让她怀着怨气独自一个人出门。

阿勇是这样解释的："游戏当然很重要，可是女朋友的要求更重要，女孩子喜欢热闹，喜欢陪伴是正常的，我不能说她烦人，更不能因为自己想要自由，就硬逼着她也独立。"

他最近正忙着考一级建造师，有很多题目需要背诵，女友在电话里抱怨他陪伴的时间越来越少，阿勇会好声好气地安慰她，答应她考完试后会马上陪她出去玩。他告诉女友，他考这张证书也是为了两个人的未来打算，毕竟有了这张含金量很高的证书，他们以后的生活会更有保障。

听了阿勇的话，女友果然乖乖地不再撒娇，不过阿勇还是会每天抽出时间给女友打电话，嘘寒问暖，生怕冷落了女友。

　　最近听说阿勇正在筹备婚礼，准备和女友踏入婚姻的殿堂，我们故意开他的玩笑，说阿勇这下子彻底上了婚姻这条小船，以后别想再有人生自由了。

　　阿勇不以为然地摇摇头，笑着对我们说道："如果我爱的人不见了，独立自主又能给谁看呢？"

　　阿勇从来不视对方的黏人为自己自由的阻碍，因为他知道，亲密的关系需要恰当的沟通，依赖作为黏合剂，对方的需求恰恰是热恋自己的表现。他很爱自己的女友，不会把自己的真情实感藏着掖着，让对方在不断猜疑和索求中消耗对自己的爱意。

　　如果爱情里的双方只有拥抱着才能飞上辽阔的天空，那何必硬生生地划出距离，让对方隔着一定的空间，看着自己的单翼独自失落呢？

　　坏的爱情凭你怎样独立都不能变好，好的爱情却可能因为你太过独立慢慢冷掉。

　　有一个女孩在网上介绍自己的爱情经历，她说自己以前也爱撒娇，爱无理取闹，时时刻刻都想和男朋友在一起。后来，男友嫌她太"作"，很不成熟，没过几个月，就和她分手了。

不久，女孩又找了一个新男朋友，她害怕自己太过黏人，重蹈上次爱情的覆辙，于是在这次恋爱中就表现得十分冷静。男友认为她充满母性的光辉，知性又温柔，和报纸上的知心大姐姐没有什么区别。有时候，他故意冲她发脾气，想要瞧瞧她有什么反应，她却装作没听到，继续干自己的事情，等男友的气消了大半，再回过头温柔地哄几句。

她觉得这种恋爱方式是正确的，相信自己这次肯定不会再把感情弄砸了，但在一次吵架时，他的男友冲着她怒不可遏地吼道："你永远都那么冷静，永远都知道怎么做是对的，我做任何事都是在打扰你，连关心都好像是在给你制造麻烦，你给我的感觉就是一点儿都不爱我，你把我当宠物喂养，想起来就哄一下亲一下，想不起来就放在那边，理都不理。"

那个女孩伤心了很久，她知道自己根本不是男友说的那种独立、冷静、潇洒、大方的人，她只是害怕失去男友才逼自己变得懂事，只是她没想到，男友需要的不是她懂事自立，他希望拥有她交付真心后的热情模样。

这个故事让我想起了台湾的一种大米："有点黏，但是不会太黏。"

这就是爱情最好的状态呀，"太黏了叫人窒息得喘不过气，太松了，又让人几乎忘了对方的存在。"

如果这个女孩能够在第二段感情中有大米这种适度的黏性，就不会错过那个他，再次尝到失恋的滋味。

其实男孩对女孩失望的理由很简单，她在他面前表现得那么冷静，那么完美，其可能性只有一种，那就是不够爱他。

爱情当然需要保持一点儿距离，给对方可以呼吸的空间，可是距离不是刻意营造出来的疏离冷落，你不能在需要为爱情加温的时候，袖手旁观，让对方自己消化，用一盆冷水浇熄爱的火苗。

因为爱情是两个人的事情，你侬我侬才是正常的表现。

独立可以让一个人在爱情里稳稳地站住脚跟，但要想再进一步，牢牢地拴住对方，需要你化百炼钢成绕指柔，用一定的黏性，把彼此粘在一起。

爱在细微处，爱在你心里

在和身边的朋友聊天时，有很多人告诉我，他们曾经非常喜欢一个人。还有人夸张地说，自己喜欢对方会喜欢到恨不能将对方生吞活剥，好让对方的血肉融进自己的骨髓里。然而当我问他："你是用什么方式去爱对方的？"他却哑口无言，不知该如何回答。

那么，我们究竟该如何去爱一个人呢？

我认识一个"帅得惊天动地"的男生，毫不夸张地说，追求他的女生可以站满一个小型足球场。他收情书收到手软，被请吃饭吃到嘴滑，那些爱慕他的女孩子，有摇曳生姿、国色天香的；有高知高才、拿到博士学位的；也有长相甜美的萌妹；更有受人追捧的性感女主播，总而言之，我经常见他被莺莺燕燕包围着。

但最后让所有人大跌眼镜的是，他找的女友却是一个外貌平凡、学历平凡、出身平凡的女孩。众人都对此表示疑惑，这样一个"三平"姑娘何以能够擒获一个万人迷呢？

经过我多方旁敲侧击，我终于知道了其中的缘由。

那个男生和"三平"姑娘同事多年，有一次，他们一起去逛商场买夏装，男生在两件花式、款型一样，但颜色不同的T恤间犹豫不定，但"三平"姑娘只看了他一眼，便迅速从众多尺码和颜色中给他挑了一件。去试穿的时候，男生接到了公司领导的一个电话，让他马上赶回公司，所以他打算下次再来买。可"三平"姑娘却毫不犹豫地替他交了钱，并告诉他："放心吧，这件绝对最配你。"

他当时虽然半信半疑，但还是听了"三平"姑娘的话。等他从公司处理完工作，返回公寓，试穿衣服时，发现这件衣服无论是配色还是尺码，都完全适合他，简直就像是为他量身定做的一般。

男孩说：也许说出来让人觉得很傻，可就在那一瞬间，他被"三平"姑娘触动了。

他想，要有多幸运，才能让他遇到一个对他的一切都那么了解的姑娘？于是，从来是只收女孩巧克力的他，第二天居然破天荒地买了一盒巧克力，特地等在"三平"姑娘楼下，并将巧克力递到了她手里。

其实很多时候，我们都知道自己很爱对方，但关于如何去爱，却很少有人知道。有人觉得只要每天和对方说一句"我爱你"就可以了，但是更多时候，动口不如行动，能够于细微处给予对方更多的关注，在细节上多一点儿琢磨，多花些心思，这样的爱才更容易打动人心。

就像"三平"姑娘一样，虽然她并不出众，但她却是给予帅哥最多关注的，她就是用这样的行动，让一个阅尽春色的帅哥丢盔弃甲，投向了她的怀抱。

由此可见，爱不是靠嘴喊出来的，有些时候还需要靠行动来表现。爱一个人就要爱得周到细致，在用语言送温暖的同时，还不忘在细节上给予实质性的照顾，只有这样，爱情才能真正落实到生活中去，让对方切实地感觉到。

说起来可能很多人都会觉得意外，我的朋友小爱，竟然因为一碗姜茶和她的男友分手了。

小爱的男友是个"闻姜色变"的人，只要看到姜，就会浑身不舒服，更别提吃了。然而小爱却觉得这没什么，是他从小惯出来的坏毛病，调教一番就改过来了。

所以，对于男友讨厌生姜这件事，她从来都没有放在心上，做菜的时候，也经常会放些姜丝来调味，弄得两个人在吃饭时经常闹不愉快。

分手那天，小爱的男友在公司加了很长时间的班，晚上很晚才回到家，路上等车时又遇到了暴雨，没带伞的他被淋成了落汤鸡。他回到家时，坐在沙发上玩手机的小爱却没有搭理他，这让他的心里生出了些许不开心。好在小爱终于在看剧间隙，注意到男友浑身湿透的样子，怕他感冒，就特意去厨房煮了一碗红糖姜茶，想让他喝了驱驱寒。

可她心意虽好，却触了男友的逆鳞。

男友看着眼前的姜茶，生气地说："我不是说过我讨厌姜吗？你给我端来这么一大碗是故意恶心我吗？"

听到这话，小爱觉得十分委屈，自己一直在家等他回来，看到他淋湿了，担心他生病，还特意给他煮了姜茶，怎么就变成了恶心他了？所以，她也十分生气，板起脸来反唇相讥："一碗姜茶而已，挑食也得看时间吧？我好心好意给你煮了，你就不能喝了吗？"

男友看着已经快怼到自己脸上的姜茶碗，赶紧站起来，没好气地说："不喝。"说完摔门而去。

看着男友的背影，小爱歇斯底里地吼道："滚吧，滚出去就永远别回来了！"

男友真的再也没回来，两人三年的感情就此烟消云散，成了过去式。

小爱在我面前哭诉自己的委屈，虽然当时我也给予了她安慰，但当她冷静下来之后，我还是告诉她，爱情就像事业，是需要我们用心经营的，我们不能在爱人面前永远由着自己的性子来，而应该用宽容、怜惜、懂得与理解来维护彼此之间的关系，对于一些应该记得的小细节，也应该多留意，绝对不能因为自己的喜好，就试图去改变别人，否则只会给自己和对方造成困扰。

那么爱一个人到底需要我们做些什么呢？在电影《北京遇上西雅图》里，文佳佳的一番话给了我们答案：即使他不会带我坐游艇，吃法餐，但他愿意每天早上穿过三条街，给我买来我最爱的豆浆油条。

其实爱情并不难，只要用心感受对方，感受对方的喜怒哀乐，知道哪些是他们想要的，哪些是他们厌恶的，将对方的爱好掌握得比水晶还剔透，把对方的心情照顾得比阳光还灿烂，做到了这些，还怕对方离开你吗？

假如你做不到这些，至少要懂得体谅，懂得通过他的言谈举止了解他、靠近他，然后爱惜他。因为这是你的爱人，是你愿意付出感情和精力的对象，既然你认定他能取悦你，满足你的感情需要，也请你同样取悦他，满足他的感情需求。

在欧亨利的短篇小说《麦琪的礼物》中，女主人公德拉为了在圣诞节给丈夫买一条白金表链，卖掉了自己美丽的瀑布般的秀发。而她的丈夫吉姆为了让她的秀发更加柔顺，卖掉了身上唯一值钱的祖传金表，买了一把"纯玳瑁做的，边上镶着珠宝"的梳子。美丽的误会非但没有造成夫妻俩情感的破裂，反倒让两人的感情更加牢固。眼中有彼此，就是爱情最好的样子。

所以，如果你也想让你的爱情天长地久，就请从身边的小细节处多关注一些你爱的那个人吧，在细节处感动对方，让你们的爱情之花长久绽放。

给他一点儿自由，给爱情一点儿空间

有很多姑娘谈起恋爱时会变得不可理喻，一旦男友不在她身边，她就会用电话、短信、微信等联系方式频繁轰炸。可是电话接通了，她又没什么话可说，想来想去，最后能说的就是你在哪、干什么呢、几点回来之类的。

我的同事莫蓝就是这样的。自从她谈了恋爱，我发现她就从公司的小职员摇身一变，成了超级大侦探。在她眼里，她的男友简直是人人觊觎的宝贝，她恨不得一天二十四小时寸步不离地监视着他。

莫蓝还有一个特点，她监视男友从来都是不动声色的，她总是有办法悄无声息地把男友的手机查个底朝天，如果男友出去社交，莫蓝通常会拉上知心好友潜伏在角落里，直到亲眼看到男友真的是去应酬了才放心，并且她还给男友立了一条匪夷所思的规矩，如果应酬的场合里绝大部分是女人，他最多只能应酬15分钟就要离开。

男友回来后，莫蓝会像猎狗一般，仔细检查他的衬衫、包包，看看有没有长头发、口红印之类的，有时候男友外套上的一点儿香烟味都会引起她的怀疑。

当莫蓝的男友知道她竟如此监视自己后，当即和莫蓝分手了，因为在他眼里，这已经不是普通恋人之间的关心和照顾了，这让他觉得自己是个囚犯。

这个故事看起来有点极端，但类似的情况却总在我们周围不断上演，很多感情就是这样被抹杀掉的。

你觉得自己对他牵肠挂肚，恨不得将他绑在自己身上，以为这就是爱他的表现，但在对方看来，这却是一种沉重的负担。

爱情和自由不是反义词，有爱情的自由才会更甜蜜，没自由的爱情只会叫人窒息，他当然享受你的爱，但是他也爱自由。

我的表姐陈安就特别懂得这个道理。

她和表姐夫是大学校友，当初在学校时，两个人因为有着相同的兴趣爱好，所以参加了同一个社团，并因此成了朋友。后来，在接触了一段时间后，二人彼此相互吸引，并成功走到了一起。

他们两个人约好，哪怕再想和对方在一起，也应该给彼此留一些独处的时间，以便去做自己喜欢的事情。

表姐喜欢画画，每周六下午，她都会去画室学画画，而表姐夫则会利用独处的时间，去图书馆学习，提升自己。

毕业结婚后，他们二人依然保持着这样的习惯，每周都会给自己留出半天的独处时间。在这段时间里，他们绝不打扰对方，而是专心做自己想做的事情。

我曾问过表姐："你要是回去得晚的话，表姐夫不会生气吗？"

表姐却一脸放心地笑笑说："你表姐夫才不会生气呢，我们两个对彼此非常放心。我们都需要时间来社交和独处。你要明白，即便再相爱的两个人，也应该给彼此一些自由的时间，绑一起太久，迟早要出问题的。"

"两情若是久长时，又岂在朝朝暮暮。"岁月颠沛，红尘颠倒，到了一定的时候，爱情自然会水到渠成，这就是缘分，强求不来，也不可能去强求。那些走不到尽头，相忘于江湖的爱情，就是因为两个人靠得太近，失去了最初的新鲜感和自由度，才让爱情走向了消亡。

人的精神世界总是相对独立的，我们的爱需要一点儿物理和心灵上的空间，只有让爱情的藤慢慢爬满，爱情才会持续生长。

情感心理节目《爱情保卫战》里，有一个女生很爱自己的男友，为了阻止男友和异性正常交往，她给男友买了一台电脑，想用游戏吸引男友的注意力。当男友和朋友外出吃饭时，她总是找借口缠着一起去，或者一路跟踪，确认男友只是去参加正常的饭局才肯安心回家。

她为了满足自己脆弱的安全感，每天像蚊子一样缠着对方，恨不得变成一粒细胞钻入对方的骨血之中。在热恋时期，对方或许会因为有"我被需要"的价值感，对她格外顺从，可一旦感情进入平台期，它就会像定时炸弹那样摧毁恋人之间的感情纽带。

情感专家涂磊后来评价说：有些人在最开始的时候，觉得所谓的安全感来自他秒回你的信息，他过马路的时候牵着你的手，下了班之后在家等你，但后来，人会慢慢地感觉到，那些安全感来自手机里充满了电，银行卡上的数字，自己在事业上做出的成绩。所以安全感从来都是自己给自己的，你不妨问一问自己："我到底害怕什么，又担忧什么？如果害怕的是失去，是面子，是依赖，是一切归零，从头开始，那么即使这些真的丢失了，又能怎么样呢？失去一份爱情能证明你被全世界抛弃了，失去了所有的价值和魅力，不再是一个优秀独立的人了吗？"

我们随时可以满血复活，再在另一场爱恋中找回自己，可如果你不抛弃那些负面情绪，那你所有的找回只是为了重复上一场爱情的悲剧罢了。

千万不要打着没有安全感的幌子去依赖别人，你的依赖如果是建立在他人身上的，那么对方一旦收回，你就失去了生活的重心。

聪明人会利用爱情让生活充满趣味，软弱的人则用爱情把自己糟蹋得面目全非。要想让爱情更牢固，走得更长远，还是要改变自己，给爱情，给对方，也给自己一些自由的时间和距离。

真正的亲密，都应该保持一定的距离

朋友蓝凌最近很苦恼，苦恼的来源是父母给她的爱。认识蓝凌的人都知道，她的父母实在是太爱她了，爱到什么程度呢？他们恨不得学会法术，吹口气把蓝凌变成拇指姑娘，然后每天二十四小时揣在自己的口袋中，这样就不怕她有什么闪失或意外了。

在蓝凌小时候，她的父母因为要做生意，一年到头总是很忙碌，很少在家，能陪蓝凌的时间就更少了。父母怕她一个人偷偷跑出去玩，所以每次出门时都会将她反锁在屋里。虽然蓝凌有几个昂贵的芭比娃娃陪伴着她，但她有时也会闲得发慌。小小年纪的她，常常一个人站在阳台上眺望远方，一站就是大半天，有时看着看着，还会默默地流起眼泪。

她后来跟我说，那时候的她实在太孤独了，感觉自己就像一只被珍藏在水晶匣中的蝴蝶标本，虽然看起来很美丽，可事实上却非常脆弱、寂寞，不仅无法被别人触碰，也完全失去了飞翔的能力。

长成大姑娘后的蓝凌，依旧没有行动和思想上的自由，她和朋友逛街时，父母每隔一小时就会给她打电话，询问她在哪里玩，什么时候能回家，如果她不回家又会去什么地方吃饭，最后还叮嘱她不要胡乱吃东西。

蓝凌的朋友为此打趣她："你的父母为什么不在你包里装一个摄像头，这样就能二十四小时监视你了。"

听了朋友的话，蓝凌只能苦笑，心想，现在的电话查岗和二十四小时人身监视有什么区别呢？

她不是没有就这个问题向父母抗议过，可是父母听后，根本没把她的意见放在心上，反而责怪她不知好歹。他们说他们这是在关心她，怕她不能照顾好自己。现在的社会鱼龙混杂，什么样的人都有，万一单纯的蓝凌被人骗，受到伤害怎么办？

蓝凌听了哑口无言，她虽然觉得父母的爱有些沉重，但也很担心自己无法应付复杂的社会，思来想去，也觉得还是听从父母的安排最好。

这样一来，蓝凌的朋友很少再约她出去玩了，用她们的话说，每次约蓝凌外出，就有种"拐卖人口"的负罪感。不仅如此，蓝凌曾经交往过的几位异性朋友，也都因为她父母的各种挑剔离开了她。就连她原本喜欢的工作，也因为父母的掌控和意见，而不得不放弃。

蓝凌的父母就像物理中的绝缘物质，把她三百六十度无死角地包围了起来。在这样的包围圈中生活的蓝凌，渐渐与社会脱了节。

蓝凌上大学后，不得不离开父母，学着独自生活。这时的她才发现，因为被爱得太全面，她的自理能力和社交能力都很差，不能自己照顾自己，渐渐地，同学们也都疏远了她。

我见过的另一种以爱之名绑架他人的事情发生在一对恋人身上。

朋友端美谈过一个控制欲极强的男友。尽管已经分手三年了，但端美每次提到他，依然会觉得后怕。

一开始，端美觉得男友对她很好，把她照顾得十分周到，从她的穿衣打扮到身材管理，男友都认真地给出了很多指导意见。但渐渐地，这种爱就变得有些强迫和命令了，不管端美如何不情愿，他都像一个指挥家，牢牢控制着两个人恋爱的节奏和细节。

端美说，她今天要去和朋友喝下午茶，而男友却命令她必须在3点前赶回家，和他一起去电影院看大片；

端美说，她不想穿高跟鞋，只喜欢平底鞋，男友却告诉端美，一个女性不穿高跟鞋，是很难让自己的气质突显出来的；

端美说，晚上睡觉时，房间里应该留盏夜灯，这样起夜时不会因为黑灯瞎火而碰到磕到。可男友却持反对意见，认为夜灯会影响睡眠质量，打乱正常的生物秩序，他还告诉端美睡前可以少喝点儿水，这样就不用起夜了……

端美被他各种似是而非的理论说得头都大了，她怀疑自己不是找了一个男友，而是找了个冷冰冰又特别严肃的机器人，她说什么，他都要反对，然后打着为她好的旗帜，无底线地对她进行人身限制。

端美表示，那种你的一切都被别人掌控的感觉实在是糟透了，尤其是当你向他提出不喜欢被这样管着的时候，他总会告诉你他这么做全都是为了你好，让你无话可说。所以，忍无可忍的端美选择了跟他分手。

端美告诉男友，恋爱不是这样谈的，她需要的是被人宠，而不是被人绑。

分手那天，端美特意请我们去了全市最豪华的KTV唱了一晚上的歌，用她的话说，这是在庆贺她逃出生天，重获自由。她宁可成为世人眼里可怜的"齐天大剩"，也不要再让别人将自己捆成人肉粽子。

对这种"我爱你，我对你的好，你就要全盘接收"的行为，我们要勇敢说不，大声拒绝。否则，被束缚的就是你自己了。

人和人的交往要有十分明确的界限感，这种界限感代表对方尊重你是一个人格独立的人，也代表对方喜欢你的生活方式，愿意和你在一起。无论在哪种感情中，如果有这种界限存在，就能使我们更好地保有自我，维护自我。

那些没有道理的逾越或攫取，等同于偷窃。因为别人无偿占用了你的精力、时间、心情以及其他种种，而这些都是你独有的东西，你应当用它来做有意义的事情，而不是傻傻地站在那里，任凭别人对你捆绑束缚，指手画脚。

所以，再遇到这种以爱之名来绑架你思想和行动的行为时，你要勇敢拒绝，并让他们明白，你是一个独立、完整的个体，你有自己的想法，也有自己想要做的事情，你要让他们知道，如果真的爱你的话，就应该尊重你的选择。

贫穷是一时，心穷却是一辈子

我见过一个发生在我身边的真人真事，我姑且称呼故事里的男主人公为宋哥，据说这个小伙子长得很好看，人也活泼机灵，就是性格冲动了点，凡事容易较真。在日常生活中，这不是什么讨人喜欢的个性，而放在爱情里，过分计较就更是致命的缺陷了。

宋哥的女朋友是他大学的学妹，两个人前后脚毕业，去了同一座城市打拼。

年轻人总是充满活力，做事也有干劲。毕业几年后，二人都在各自的岗位上取得了一点儿成绩，熟悉他们的人都说他俩是天造地设的模范恋人——一样出色，一样能干，家庭背景也比较般配，大家都特别看好他们。但没想到，他们的爱情刚进入第五个年头，两个人就宣布分手，分道扬镳了。

宋哥的女友离开打拼许久的城市，回到了自己的家乡，并接受父母的安排，进入了事业单位。一年半后，女孩通过相亲结识了一个不错的小伙子，现在已经进入谈婚论嫁的阶段。她经常在微信朋友圈里晒自己和男朋友的甜蜜生活，一看就知道，她现在过得十分滋润。

朋友们纷纷替宋哥打抱不平，骂他的前女友没良心，说分手就分手，还这么快就找到了新的男朋友。

没想到宋哥非但没有记恨自己的前女友，反而在前女友和他分开后，三番五次前往她的城市，堵着她，求着她，希望她能回心转意，再给自己一次机会。

朋友们当时都被宋哥的做法惊呆了，不明白平时看起来那么潇洒的一个小伙子，怎么在爱情里这样卑微，简直是在糟蹋自己的尊严。

后来，有好事者悄悄打听，才知道这段爱情的破裂几乎是宋哥一手造成的。

用宋哥的前女友在朋友圈里发的一句话说："我不求你事事忍让我，但也不希望你事事针对我，爱情是用来交换爱的，不是用来交换争执的。"

原来，在谈恋爱的时候，宋哥处处挑剔女朋友的言行，几乎到了吹毛求疵的地步。他似乎有很多小想法，只要女友没达到他的心理预期，他就横挑鼻子竖挑眼，开始数落女友的不是。他还特别喜欢和女友争辩，但计较的都是无关紧要的小事，比如吃什么饭，穿什么衣服，去哪里玩，坐什么交通工具等，即使他的选择是错误的，他仍死鸭子嘴硬，绝不肯率先低头认错。

女友经常为此和他闹不愉快，到最后，女友觉察到，宋哥根本不爱她，他爱的只是他自己。

她选择离开宋哥，离开这个太过偏执的男人。

宋哥最后大概也意识到自己犯下了多么愚蠢的错误，所以才会放下身段，再三挽留已经走远的女友，可惜最后的结果并不如他所愿。

朋友中有一个已婚男人，在我的眼里，他完全符合模范丈夫的标准——他并不富有，却十分珍视家庭，爱护自己的妻子。

为了让家人过上相对宽裕的生活，他早出晚归，尽心工作。他的学历不高，有一段时间还因此丢了工作，待业在家。为了减轻妻子的经济负担，他白天送外卖，晚上跑滴滴，不放过每一次挣钱的机会，哪怕半夜到家累得瘫倒在沙发上，你也绝对不会从他的脸上看到半点抱怨的神情。

如果你认为他只会用挣钱来证明了对家人的爱，就大错特错了。只要有空，他就带着妻儿外出游玩，或者给妻儿烧几道美味的饭菜。每逢节日，他也不忘买上几朵玫瑰，逗妻子开心。

我唯一一次看到他们起争执，还是因为关于要不要吃顿豪华的晚餐引起的：这个城市新进驻了一家豪华自助餐厅，妻子听说以后，整日念念不忘，向往了好久。可她也只是嘴里说说而已，每次男人说要带她去，她会马上拒绝，找出种种理由推脱不去。

有一天，男人瞒着妻子，在美团上团了三张美食券。当他带着妻儿走到餐厅门口时，妻子却始终不肯入门，坚决要求他退款。

男人这次没有退让，而是告诉妻子，她这么多年来一直跟着自己，没有过上什么好日子，如今经济条件好点了，难得有一次享受的机会，这算是对妻儿的补偿。

妻子听了，当场红了眼，幸福地挽着男人的手进了餐厅。

我们听说这件事后，不禁都在心里为这个有担当的男人点赞。

这是一个心胸宽广、大方慷慨的男人，也许他在物质上并不富有，但他为幸福生活铺平了道路。

爱情并不总是以物质的方式彰显出来，很多深情，都藏在你的行为里。

曾在网上看到一句话：宁可嫁给"经济穷"的男人，也不能嫁给"心穷"的男人。

那是因为，只有你嫁了一个心不穷的男人，你们的爱情才有了真正的落实，你才不会被对方的偏执、狭隘拖入沼泽，还会因为对方的丰盈宽厚，产生深深的安全感。

为什么心穷的人无法提供一段稳定的感情？因为心穷的人心力太弱，心力弱则会让人偏执狭隘。而爱情是需要宽容和责任感的，当一个人在爱情里计较太多时，就会淡化爱情该有的甜蜜。试想，谁愿意和一个整天给自己带来困扰与争吵的人维持长期关系呢？

要想改变心穷的状况，最好让自己的心胸开阔些，只有悦纳自己，对自己保有足够的信心，懂得感恩，懂得宽容，并且不断学习，让自己进步的状态满足爱情的需要，才能让爱情稳步前进。

Chapter 6

愿你在爱的路上，
爱你所爱，行你所行

其实真正的爱情没有那么复杂，
爱一个人就是要让他在感情里做回自己，
同时自己也能不亦步亦趋，不卑微乞求。

好的爱情，就是让双方都做回真正的自己

　　欧文谈恋爱了，大家都很替他高兴，可是没过多久，他就一脸郁闷地跑来向我请教："女朋友很'作'怎么办？""我总是满足不了她的要求，怎么办？"

　　谈恋爱的时候，女生"小作"一下是增进感情的催化剂，不过欧文的女朋友显然不是"小作怡情"的那种，欧文向我诉苦：谈恋爱实在是太累了，就算自己卑微到尘埃里，仍换不来女友灿烂的笑容。

　　欧文在恋爱中的姿态确实摆得太低，无论女友提出什么要求，他都会无条件地满足，比如欧文正和昔日同窗一起喝酒，女友打来电话，要欧文马上回家陪他逛街，只要欧文答应得迟些，女友就会把家门反锁，不让他进门。事后，女友摆了好几天脸色给欧文看，不管欧文怎么赔礼道歉都没有用。最后，欧文的姐姐看不下去了，塞给欧文的女友一个轻

奢小包，才让她回转心意。

这件事后，欧文不反思自己，还是像以前一样对待女友，他觉得爱一个人就应该奉献出真心，让对方感受到那份爱。伏低做小是男人表达爱的方式，只有态度到位了，女生才会有安全感，才不会动不动就"作"起来，闹得大家都不愉快。

于是，女友虽然对欧文百般挑剔，稍有不顺心就让欧文下不了台，但是欧文仍旧一如既往地宠爱女友，要什么答应什么，恨不得把天上的星星摘下来送给她。

有一次，女友和欧文一起逛街，女友没有买到满意的衣服，就当着售货员的面吐槽欧文的审美。她说："我试穿什么他都说好看，这件衣服明明穿着像麻袋，他却说很有艺术范儿。一整个上午，我试了那么多衣服，每一件他都说好，在他眼里，只要是件衣服都好看得不得了，也不知道这样拙劣的眼光是怎么培养出来的。和他逛街真是一点劲儿都没有，要不是他能帮我拎包，我才不要他跟着我添堵。"

售货员看了一眼满脸尴尬的欧文，打圆场说道："这是你男友爱你的表现啊！你穿什么他都说好看，说明在他眼里，你的身材十分标准。"

女友嗤笑一声，不置可否地回道："什么爱我的表现，根本就是懒得动脑，胡说八道嘛，以为敷衍我一番，我就会早点回家。"

售货员忙笑着接话："我看你男友不像是没耐心的人，小伙子嘛，对女孩的穿着不了解也是正常的。"

女友摆摆手，继续说道："他做别的都很用心，就是在我身上不肯花心思，说什么要花时间多陪陪我，你看他坐着一动不动的样子，哪里是陪我打发无聊，简直是用沉默来搪塞我。"

听了这话，售货员不知道该怎么接，只好低下了头。

就算被女友当着陌生人的面这样数落，欧文还是没发火，他不仅不生气，还觉得女友说的很有道理，回家后居然买了很多时尚杂志，开始研究女性服饰和化妆品。但他的女友仍旧不领情，还是时不时嫌弃欧文的眼光有问题，是个不开窍的土包子。

听了欧文的讲述，我叹了口气，摇了半天头，最后，我试探着给了他一个建议："你可以试着少爱一些女朋友，在爱情里高冷一点点。"

欧文像是听到了天方夜谭，他瞪大眼睛，一口否决了我："那怎么行？我都这样做了，女友还是不满意，要是我再对她冷淡些，她岂不是会更加不满意？"

从欧文的叙述中，我看到一个男人完全放低了自己，在爱情里一再付出，一点儿都没有想过要给自己留尊严。

这以后没多久，我就听说欧文的女友和他分手了，理由很简单：欧文给不了她想要的爱情。

欧文很不明白，他都这样宠爱女友了，为什么还是打动不了女友？

其实哪有什么想不通的道理，人性就是这样，你不把自己当回事，别人也不会尊重你。

既然你愿意随叫随到，无偿付出，别人当然会随意差遣你。

爱一个人的姿态，应该是像闪亮的钻石。在爱情里，你要让自己高贵一点儿，只有这样，别人才不会把你像弹玻璃球那样信手弹开。

我曾经关注过一个写手的公众号，发现她提出的观点每次都能得到很多人的赞赏，再看她写的东西，不是"要怎样才能让男友不变心"，就是"感情结束后的挽回策略"，低声下气，什么招儿都用到了，就是没教那些为情所苦的人站直了腰杆谈恋爱。

让对方不变心是靠你每天巴结，晨昏定省实现的吗？感情结束了，难道不是应该在空窗期内好好沉淀，以期再遇到新爱吗？

那么多人急着贬低自己，只为强扭一段不合适的感情，在我看来，真的很不值得。

当然，在爱情里也不乏一些头脑清醒，可以保持理智的人，他们既谈感情，又讲风格，知道爱情也需要好看的姿态来支撑，不会盲目地把自己绑起来，硬凑到人家跟前表衷心，因为他们知道，这样的衷心没人会放在心上。

朋友小艾就是一个很善于谈情说爱的人，倒不是说她是一个花蝴蝶，在众多男生间游走，这里的善于谈情，是指小艾在感情中能找准自己的定位，在感情中游刃有余。

小艾的男友是一个很强势的人，事事都喜欢掌控主动权：小艾喜欢宠物，男人嫌弃它掉毛了不好清理；小艾喜欢旅游，男友说这一爱好太烧钱，不如买些吃的去郊外踏青；小艾烫了一头卷发，男友说黑长直才显得清纯可爱；小艾喜欢看言情小说，男友却总是往她手里塞各类专业书。

你以为小艾唯命是从，对男友的想法照单全收？不，她才不会俯首帖耳，乖乖地任人摆布呢，小艾照样养她的宠物，去各地游玩，烫夸张的大卷，看爱看的言情小说。

她就这样不断"叛逆"着，男友也从一开始的吼叫直至后来习以为常，见怪不怪。

小艾说："我又不是一片羽毛，我是一只独立的小鸟，和他一样，有自由飞翔的权利。"

姿态放得很高的小艾不仅没有失去爱情，反而让男友改变了掌控欲强的性格。

爱情本来就是你情我愿的事，彼此相爱，根本不需要一方仰视另一方，如果一段感情让你低得连头都抬不起来，那你真要考虑一下自己是不是自作多情了。

在不爱你的人面前，你再卑微，别人也不会把你从尘埃里捡起来，轻怜重爱一番，倒不如仰起头来，和对方谈一场势均力敌的恋爱，人家爱你，你平等相待，绝不亏心，人家不爱你，你转身就走，多潇洒，多自由。

为什么你要在感情中把自己放得这么低，靠讨好来维持感情呢？如果是因为不自信，那你就努力变得更好，直到遇见对的人，享受平等相爱的甜蜜；如果害怕对方丢下你，那么我告诉你，求来的爱情最不牢靠，少了原则和底线的感情往往像用发丝牵住的风筝，随时都会被一阵风刮跑，而且对方根本不会在意两手空空的你到底如何惆怅，怎样受伤。

斯迈尔斯说过："一个没有原则和没有意志的人就像一艘没有舵的船一般，他会随着风的变化随时改变自己的方向。"

其实真正的爱情没有那么复杂，爱一个人就是让他在感情里做回自己，不亦步亦趋，不卑微乞求，撕掉所有伪装，拿着一颗真心坦诚相对，爱一个人是让对方不再隐瞒自己，珍惜他的好，包容他的缺点。

爱情应该是两个个体设身处地、换位思考的结晶，一个忍心爱人低到尘埃里爬不起身的人，八成也没想过要把爱情的宝座分出一半给自己的爱人。

在爱情里保持高贵，是为了避免一场尴尬的自嗨，但谈恋爱又不是演独角戏，怎么能靠你一个人撑起全场呢？

爱情是无价的，所以你也要变得珍贵些，那些靠说我会很乖以赢取爱情的人，最后往往会输得很惨。

爱情可以等，但不能执迷不悟

不久前，我和朋友雪山相约去本市一家新开张的咖啡馆喝咖啡，雪山是一个爱笑的人，然而这次聚会，他却几乎没笑过一次，一直是满面愁云，十分忧郁的样子。

从谈话中，我了解到雪山近来工作很顺利，老板也有给他加薪的打算，那么能让他愁眉不展的，恐怕就只有感情问题了。

果然，雪山在喝完一杯咖啡后，默默地吐出一句："我觉得茱蒂变了。"

茱蒂是他的女朋友，两个人从大学时就在一起了，到现在已经有五年时间。

雪山说，他们之间的问题已经不是一天两天了。大学毕业后，二人因为工作原因，不得不一个住在城南，一个住在城北，平时上班忙，只有周末才能见面，后来因为各自的工作越来越忙碌，周末加班也越来越频繁，他们甚至连周末也很少能见面。最近，他偶尔在下班后给茱蒂打电话，但那头不是忙音，就是无人接听。他觉得他们之间的问题已经大到让他没有办法忽视了。

雪山为此向茱蒂表达过自己的担忧，茱蒂却笑着安慰他，说她工作太忙，老板让她牵头完成一个大项目，她不得不把更多的时间用在工作上。但在雪山看来，他们之间的问题远不止于此，因为他能清晰地感觉到，即使茱蒂及时接听了他的电话，他们之间也没办法很好地聊下去，两个人之间好像突然有了一条难以逾越的鸿沟。

到现在，茱蒂甚至很少接雪山的电话了，就连二人原本约好的约会，茱蒂也会因为各种各样的原因推迟或取消。

听到这里，我忍不住问雪山："你们二人之间的关系已经这样了，为什么还不分手呢？这样僵持着，只会徒增痛苦。"

雪山说："我和她谈过，可她说不想分手。而且，我也觉得我还爱着她。"

对于二人的情况，茱蒂有自己的一套说辞。她说两个人都处在事业上升期，应该抓紧一切机会好好工作，等到二人都事业有成了，再谈感情的事。

对于现在这种情况，雪山感到无比惆怅。茱蒂要他等，他当然愿意等，可他不知道，茱蒂说的等，到底有没有一个明确的期限。会不会等着等着，就等成那句著名的歌词：等你一万年？

说起等待，我想起一个故事：唐代大诗人崔护在某年清明踏青出游时，遇见了一个明眸皓齿的姑娘，崔护和那个少女彼此暗生情意，两人在对视间含情脉脉，真情流露，但是崔护并没有采取更进一步的行动，只是在喝完茶礼貌地问候了几句后，就转身离开了。我们无从探知崔护离开时的心理活动，但是我们都知道这故事最后的结局——第二年，崔护再去寻访那位妙龄女郎时，妙龄女郎早已"人面不知何处去"。

我把这个故事讲给雪山听，他听完沉默了好久。之后，雪山约见了茱蒂，两个人在进行了一番深刻的交流后，终于决定分手。

电话里，雪山和我说：我爱她，但我实在太累了，不想再这样没有期限地等下去。如果她的人生规划里没有我，我又何必浪费自己的人生，整天幻想着我们两个人的未来呢？

同样在不确定的等待中消磨了爱情，让自己的处境变得

195

悲哀的还有我表姐小玲。

表姐小玲的男朋友大学毕业后，去了英国读研。他们两个人约好，等男友毕业回国就结婚。

然而生活就是这样，时时充满意外。小玲的男友在英国读书的第二年便和她断了联系，据先回国的师姐说，小玲的男友爱上了一个金发碧眼的外国女孩。

小玲听到这个消息后茶饭不思，十分伤心。朋友们都劝她，既然他这么不可靠，那就断了这份情，何必这样折磨自己呢？

然而小玲却不这么认为，她不相信男友真的离开了她，坚信这里面一定有误会，她甚至想着他的男朋友是不是有什么难言之隐，或者生了什么病，所以才和她断了联系。她觉得自己不能就这样放弃，为了爱，她愿意等。结果这一等，就等了整整三年。如同所有不能接受失恋的人那样，她的执迷不悟，让身边的好友都替她深感不值。

很多人在爱情中都会出现这样的执拗情况，明明爱情已经离去，却还死守着当初的承诺不愿意走出来，最后让自己遍体鳞伤。这又何苦呢？明明放下过去就可以迎接更好的人生，也许下一段最适合自己的爱情，正在向你走来。

我曾看过一部韩国电影《羽毛》，这部电影延续了韩国电影一贯的浪漫唯美风格，但是这个故事所包含的深意却相当发人深省。主人公贤成为了完成和初恋情人的约定，足足等待了十年。十年后，他去了当初约定见面的小岛，在那里，他等来的不是情人，而是深深的失望——他的情人并没有出现。

贤成后来明白了一个道理，真正的爱情是不需要等待的，真正的爱应如潮水一般，一下子就把人包围。需要在恋爱中付出大量时间等待的爱情都不是真的爱情。所以，学会适时地放弃等待也是一个人走向成熟的标志，只有有所取舍，懂得进退，才能确保自己在爱情中立于不败之地。

张小娴说：一个人最大的缺点，不是自私、多情、野蛮、任性，而是偏执地去爱一个不爱自己的人。

明明知道在飞机场等不来一艘轮船，却还是不管不顾地痴痴守候，这样的行为，其实是自欺欺人。

你不是在等一个人回心转意，你只是不自觉地产生了一种赌徒心理，赌上自己的时间和心力，希望自己的痴情能够打动对方，让他回过头来紧紧拥抱住你。

只是这样的痴情，在不爱你的人看来更像是一种压力，你以为自己付出的是可歌可泣、感天动地的感情，但在对方看来，这种爱情却让他无法承受，甚至会产生逃跑的冲动。

理智的人知道爱情可以等，但不能执迷不悟。

因为相爱是你走出第一步，我再走出第二步，如果你已经走了九十九步，还没有等来对方关键性的一步，你就该骄傲地转身，离开那个不爱你的人。

大龄剩女和大龄"胜"女

　　我的前领导容姐离婚了，听到这个消息时，我着实愣了半天。当初，风风火火的容姐为了维持自己的婚姻，辞去了前途光明的工作，在家专心做起了家庭主妇。没想到，她付出了那么多，最后仍避免不了夫妻分离的结果。

　　我替容姐感到很不值，在我眼里，她是一个难得的业务好手，无论什么样的难题，在她那儿都能够得到很好的解决。当初，总经理就是一眼相中了她的能力，才力排众议，将才走出校门三年的她提拔到主管的岗位。容姐也不负重托，在新岗位干得十分出色，同行业的人只要提到她的名字，无不竖起大拇指交口称赞。

　　然而，就是这样一个能力强悍的女强人，却一直被大龄未婚的问题困扰着。容姐曾经悄悄告诉我，她家里人催婚催得紧，自己的业余时间几乎都在相亲，一个星期要见数个陌生男人，但她偏偏对那些相亲对象毫无感觉，父母一味地逼婚简直让她一个脑袋两个大。容姐自嘲地说，她宁可完成一项艰难的工作，也不想和那些男人尴尬地对视十分钟。

那段时间，我知道容姐夹在事业与人生大事中十分苦恼，她自己觉得三十出头正是人生最好的年纪，阅历有了，资质有了，底气也有了，不在工作上拼搏一番实在是说不过去，可是容姐的父母却觉得，一个女孩子，就算拼到公司最高层又能怎样，没有稳固的家庭，下半辈子就没有着落。

容姐和她的父母争执过几回，可是老人家的观念根深蒂固，任她如何发誓赌咒，说自己可以照顾好自己，他们还是放不下心，每天对着容姐不停叨叨，容姐在家里快被念叨得精神失常了，无奈之下，只能听从父母的建议——去相亲。

就这样，一年后，容姐还真找到了结婚对象。我问容姐，你对他有什么特殊的感觉？容姐咬着笔尖想了半天，回答我："谈不上什么特不特殊吧，就觉得两个人很合适，我们的年龄、相貌、身高、家室、工作环境和前途都差不多。"说到这儿，她眼里流露出怅然的眼神，半开玩笑半认真地说道："我还没认真谈过恋爱呢，就把自己给嫁了，太蚀本。"

尽管我觉得容姐的决定过于仓促，但是容姐的父母却很开心，他们亲自拎着订婚喜糖到公司里挨个儿发，逢人就笑着说："我家容容要结婚了，你们一定要过来喝喜酒啊。"

就这样，即使容姐后来觉得自己和对方并不合适，但碍于父母大张旗鼓地宣告了婚事，她也只好坚持下去，还劝自己说，两个人生活在一起总要有一个磨合期，互相迁就一下就可以了。

懂事的容姐就这样将自己嫁掉了。

我仍记得她和新郎在婚宴上的尴尬表现，她全程端着假兮兮的笑脸，而那个新郎呢，好像是在梦游，眼神飘忽不定，就是没仔细看过容姐。

结婚后没多久，容姐就递交了辞呈。我们问她为什么急着辞职，她苦笑一声，说道："还不是父母催着要孩子。"

结果由于体质的原因，容姐屡怀不上，一年倒有大半年的时间在各大医院看病。

没有孩子的婚姻，如果是建立在感情坚实的基础上，还可以维持；可是匆忙出嫁的容姐和丈夫哪有什么浓情蜜意。容姐的丈夫见她不像是能怀上孩子的样子，就提出了离婚。

本以为这件事到此就告一段落了，可是后来我又听说，他们两家为财产分割问题闹得很不愉快。离婚后，容姐没找到合适的工作，她也没了以前的激情，是不是就会发呆或者流泪。

容姐在微信朋友圈里发过一句话，她问："如果当初坚决选择单身，今天会不会过得更好？"

我在下面回复她："选择任何一条路都会觉得后悔，但如果所选的路并非出于自己的本意，会更加后悔。"

容姐的疑惑也是现在多数大龄剩女的疑惑：自己年龄也不小了，到底要不要嫁人呢？许多人受不了父母亲戚三不五时地催逼，就随便找个人嫁了，以为能一劳永逸地解决这个问题，但婚姻不是儿戏，没有感情基础的婚姻大多不易走下去。

我认识一个网络博主，她是大龄剩女中的中坚分子，她对生活只有一种理念："人生苦短，怎么快活怎么来。"你不要以为她是一个只知道吃喝玩乐的女生，恰恰相反，她是一个很会来事，能把平常生活过得热气腾腾的人。

她本人是一名销售员，我经常在朋友圈里看到她神采奕奕地出席各个商品展销会，出色的能力使她成为厂商最青睐的线下销售人员，每年的分红也足够她维持现在精致优雅的生活。是的，她一点儿都没有为自己不断增长的年龄烦恼过，反而兴致勃勃地享受着单身生活，过得非常充实。

前几个月，她说要去陶艺工坊学做陶艺，结果我很快便在微信朋友圈里看到了她做土陶的视频。陶艺学得差不多了，她又突然对戏曲产生了兴趣，三十好几的人了，硬是从减肥塑身开始，学唱戏的基本功，下腰踢腿，雷打不动地每天练习"飞眼风"。有一段时间，我在朋友圈里看她跟着一个地方戏曲团满世界乱跑，据说她后来还拜了一个业内的行家为师，正儿八经地跟着学起了唱戏。

我们这些熟悉她的人，有时候也会打趣她："有时间玩这些乱七八糟的，还不如腾出工夫好好给自己挑个老公呢！"

她甩来一个搞笑的表情表示不满："老公有这些爱好有趣吗？我过得那么快乐，为什么要冒着遇人不淑的风险找人来给我添堵呢？"

对此，我深表赞同，一个人选择怎样的生活方式，和不相干的人又有什么关系呢？

在我看来，剩不剩不是单纯靠年龄来划分的，你觉得一个人能够经营好生活，用强大的实力赢回世俗的尊严，那么，你的剩真的只是多项选择题中的其中一个选项，你随时都可以改变想法，开开心心地披上婚纱把自己嫁出去。

"岁月从不败美人"，真正的美人是不管年龄多大，都能保持初心，修炼自己，不将就，不菲薄，在认真生活的同时取悦自己。

婚姻不是女人唯一的选择，你要是历经世事有所沉淀，又何必在乎一天大过一天呢？

爱情不是改变命运的阶梯，
而是棋逢对手的互相成长

雪花网恋了，这本来不是什么值得大惊小怪的事，但她却过于相信网络那头那个天天对她甜言蜜语的男朋友。据她说，他的男朋友是一个富二代。如果你善意地提醒她小心别被人骗了，她瞬间就会拉下脸来。

在雪花眼里，她的平凡恰好是被她的"王子"一眼相中的优势——人家见多了桃红柳绿，难得见到如她这样朴素单纯的姑娘。

于是，雪花陶醉在灰姑娘的美梦中，每天都和她的"王子"在网上聊好几个小时，在虚无缥缈的网络世界里开展她的柏拉图式恋情。

由于太过迷恋这段恋情，雪花在工作上显得心不在焉。她本来就不是积极努力的人，工作了好几年，能力一直没有提高，爱情也一直没有青睐过她，所以这次从天而降的恋情让她倍加珍惜，为此付出一些代价也在所不惜：她在工作上纰漏百出，屡次被上司警告，更重要的是，她本来想参加一个对自己的事业很有帮助的培训，但那段时间，她的"王子"正好需要她的陪伴，于是她放弃了这次机会，每天腻在网络上，和王子卿卿我我，你侬我侬，完全脱离了现实生活。

这段感情在三个月后戛然而止——她的王子突然消失了。六神无主的雪花不停地拨打他的电话，可王子的电话一直无人接听。

再次见到雪花，是在公安局的侦讯室内。我这才知道，对方在和她交往期间，以各种借口向她借了几万块钱，而被爱情冲昏头脑的雪花，却把王子的欺骗想象成了对她的考验。

至此，雪花终于意识到，自己的爱情竟然是一场精心编织的骗局。

走出公安局的雪花伏在我的肩膀上哭了好久，她心疼自己省吃俭用积攒下来的几万块钱，更心痛自己在这场感情中毫无保留的付出。

我抱着雪花，不停地安慰她："花钱买个教训也不算是坏事，你没有犯什么不可原谅的大错，以后多留心就是了。"

在现实生活中，像雪花这样的姑娘还有很多，她们在两手空空、一无所有的情况下，总想通过社会交往，打通上升通道，一劳永逸地改变自己的命运。但这样的想法无异于海中捞月，除了失望，可能就是大梦初醒后的教训了。

因为这个世界十分现实，你是什么样的人，就会遇到什么样的人。

即使真的有"王子"，他喜欢的也是耀眼的灰姑娘。

我一直认为，感情最理想的样子应该是：面包我有，你只要给我爱情就可以了。

我身边就有这种棋逢对手的爱情。

最近，樱子和男友正在筹备他们的婚礼。我们这些朋友都衷心地为她们祝福，因为这份爱情实在来之不易

樱子的男友小陆家境优渥，父母都是大学教授，从小就在蜜罐中养尊处优。与小陆相比，樱子的出生就略显寒酸了——她出身一个单亲家庭，说不上缺衣少食，但也不是太富裕。

他们两个在参加某次活动时相识，然后迅速擦出了爱情的火花。可是，他们的恋情受到了小陆父母的强烈反对——作为有着丰富人生阅历的过来人，小陆的父母看多了现实的丑恶，

知道有些爱慕虚荣的姑娘因为自己没有办法改善生活条件，就寄希望于嫁到一个富裕的家庭中，以改变自己的命运。

面对两位老人的质疑，樱子刚开始时颇为气愤，她扪心自问，确认自己和小陆的爱情确实是出于互相爱慕，而不是另有所图。为了保住这份诚挚的感情，樱子决定用实际行动向二老证明，她要的只是爱情。

整个大学期间，樱子没有沉沦在花前月下的甜蜜中，她和小陆约法三章，每天在她学习和外出打工的时间内，他们不要联系，好让自己全心投入到学习和工作中。

大学四年，樱子恋爱、学习、打工三不耽误，小陆在理解了樱子的想法后，不仅没有觉得被冷落了，反而被樱子的独立自强感动，越发觉得她是一个难得的好姑娘。

大学毕业后，樱子更像开挂一样，在工作中表现出色，赢得了上司和同事的一致好评。她的事业如同搭上了顺风车，短短几年时间，就从一个无名小卒升任公司策划部的营运总监。随着职位的上升，她的薪酬也水涨船高，很快，她的收入便将考取了公务员的小陆远远地甩在了身后。

而当樱子凭着自己的能力证明了自己时，小陆的父母终于诚心接受了这个努力上进的好姑娘，不仅不再阻挠他们的自由恋爱，反而隔三岔五就把樱子请到他们家中做客，还时不时地暗示两个人早点结婚，给他们生个大胖孙子。

两个人的爱情就这样修成了正果，出身低微的灰姑娘用自己的力量改变了命运，收获了爱情。

脸书的创始人扎克伯格在他28岁那年，娶了相恋了九年的美籍华裔女孩普利希拉·陈，他在哈佛大学演讲时说过："我在哈佛最美好的回忆，就是遇见了普利希拉。"

在外人眼里，普利希拉一直是一个饱受争议的存在——她其貌不扬，看起来非常平凡，好像配不上扎克伯格。

可事实上，普利希拉却是一个无论能力和品格都可以和扎克伯格相媲美的优秀女孩。

出生平凡的她，从小就立志靠自己的能力带领全家走出贫困。在家人的全力支持下，她以优异的成绩考入了哈佛大学，成为家里第一个上大学的人。

在哈佛，普利希拉的个人能力得到了极大拓展，饱满的学识让她平凡的外貌散发出自信、耀眼的光芒。就是这道与众不同的光芒，深深吸引了扎克伯格的目光。

扎克伯格从普利希拉身上汲取了许多力量，他曾多次表示，自己之所以能创造脸书奇迹，与普利希拉的支持是分不开的。

而普利希拉说："那一天，我给了扎克伯格和我在一起的机会。"

很多姑娘只盯着普利希拉"麻雀变凤凰"的结果眼红，却没有深挖她华丽变身的原因：王子通常娶的都是门当户对的好姑娘，即便家族实力天差地别，但在个人能力与魅力上，他们的水准是旗鼓相当的。

这样的组合才是童话故事的正确阅读方式，有魅力的灰姑娘自信得让王子不得不在众人中只看到她。

可惜在如今这个时代，灰姑娘的故事已经变成一种深入人心的情结，与其说这种情结承载了姑娘们美好的愿望，不如说暴露了她们想要不劳而获的动机。

她们明显忽略了一点，那就是真正的王子想邂逅的姑娘一定不会是灰头土脸的那一个，她们应该是王子可靠的伴侣：我给你一副鲜亮的盔甲，你和我一起上场征伐，我们共同开疆拓土，一起为了生活努力奋斗。

王子的感情不仅有对对方的欣赏和怜惜，还有与她同舟共济后的懂得与默契。王子心仪的对象，应该是能和他打成平手的女孩。

所有的前任，都是在给真爱腾位置

　　朋友姚璐刚失恋那段时间，我手机中的通话记录几乎全是她的。她一遍又一遍地向我讲述她和前任的往事——一个本来很骄傲的姑娘，忽然卑微到了尘埃里。

　　她把失恋的原因全部归咎于自己，每天回忆起和前任的往事，都要检讨自己在爱情中犯的错。比如自己太粘对方，每时每刻都想让对方跟自己在一起；比如两人吵架时，自己道歉的态度不够诚恳，语气也不够温柔；比如有一次男友开玩笑地提起结婚，她出于自矜，没有马上答应，导致失去了在一起的机会……

　　就这样絮絮叨叨个不停，三个月后，我终于忍无可忍，放下安慰的姿态，态度严肃地数落了她一通。我提醒哭得惨兮兮的姚璐：你现在每天都要讲一遍和前任的恋爱史，就等于不断去回忆过去，不断温习自己已经错过的爱情。你要到什么时候才能放下过往，给未来一个到来的机会呢？

姚璐低着头，半天没有出声。

其实有很多人像姚璐一样，面对爱情时，会突然变得傻乎乎的。他们本来有一颗"七窍玲珑心"，却忽然像被棉花塞住，一双"火眼金睛"也变成了800度的近视，看不到对方的缺点。

这种人一旦失恋，会像失去世界一样丢掉生活的重心，因为他们把前任看得太过重要，沉溺在失恋的痛苦中难以自拔，可能哪一天突然想累了，哭累了，厌倦了，会暂时放下痛苦，但过不了多久，他们又会继续"我爱你，却得不到你"的痛苦模式。

注意，这个模式的定语是"我爱你"，好像你爱的真的是那个人一样，但那个人其实和你不再有任何联系，甚至已经从你的生命中消失，你所谓的"我爱你"，只是你和回忆继续大谈恋爱而已。

与其说你爱的是一个人，不如说你爱的是一种感觉。

我有个朋友，他失恋后把所有和前女友旅行过的地方又重新走了一遍。当他旅行完，回到家以后，马上把为前女友文的文身洗掉了。我不明白他为什么要做自相矛盾的事，他告诉我："旅行是为了回望这段爱情的开始，洗掉文身则是为了告诉自己爱情彻底结束了。"你看，我的朋友在失恋以后给爱情举行的分手仪式，不是很有意义吗？既然已经分手，就证明那段感情已经成为过去式了。你可以在将它彻底抛弃前做一个短暂的回顾，证明自己爱过，然后再坚决地把目光投向前方，享受单身生活，或者进入下一段恋情。

只有那些勇敢地将自己移出爱情的人，才更有可能在下一站邂逅真爱——勇于结束，就是给开始腾出位置。

我还有一个朋友，她在失恋后的一个星期内像疯了一样不停地哭。我以为她会和第一个事例中的姑娘一样，因为抵御不了失恋带来的阵痛，回过头去低声下气地找男友复合。而事实上，她也的确在一个月后打电话约了前男友出来见面。

但她不是为了求复合，而是要和前男友做一个彻底的告别。她首先确认了前男友已经不爱自己的事实，然后把前男友买给她的东西一一归还。当前男友告诉她，做不成恋人还可以做朋友时，她笑着摇了摇头，拿过前男友的手机，将自己的名字从他的通讯录里删除了。

回来后，她抱着我的肩膀大哭了一场，我心疼地问她："为什么一定要把两人恋爱的记忆清除干净呢？做朋友其实也挺好的。"

朋友擦干眼泪告诉我，她这么做就是不想给自己无谓的希望。

如果朋友一直揪着前任和自己的回忆不放，她是没办法开展新的生活的。

在我写这篇文章时，她已经彻底走出失恋的阴影。最开始时，她报了一个钢琴班，学习她早就渴望，却没有时间学习的钢琴。后来，她又主动申请参加公司的特别攻关组，全身心投入到产品的研发中去。现在，她正在攻读名校在职研究生，每天忙忙碌碌的，过得踏实又平静。

这是我见过的最潇洒的分手方式。朋友用自己的实际行动告诉我，**既然已经失恋了，就应该面对现实，找个最好的方式安置那些美好的回忆是我们唯一能做的事，学会和痛苦告别就是给自己成长的机会，有勇气选择结束爱情，才能快速过上更好的生活。**

很多人都会犯第一个姑娘那样的错误——在失恋后不断指责自己，把所有的问题都揽到自己头上。

其实当我们身处失恋的痛苦中时，我们很难分清自己心里念念不忘的到底是什么，也许只是一种感觉，也许只是不甘心的情绪。

因为人的心理在恋爱中总是相似的，在拥有时十分清醒的眼光，一旦失去，就像突然拥有了美图秀秀的功能，会把已经走开的那个人想象成一个完美无缺的人。

比如他爱睡懒觉，失恋后的你会觉得他懒懒起床的姿势慵懒得像一头优雅高贵的雄狮，而这之前，你只会腹诽他的懒惰没有时间概念；他对自己的工作颇为抱怨，失恋的你想起来只会觉得他受到了苛待，没有伯乐赏识，而在这之前，你或许会在心里嗤之以鼻，觉得他好像没有多少上进心也没有多少责任感。

失恋前，他给你买了一束玫瑰，在某个情人节准时快递到你的办公室，你现在想起来觉得自己幸福得要死，恨不得立刻用魔法让这束枯萎的玫瑰花与自己的感情一样起死回生，而当初的你正埋头于工作中，花碍着你打字的手臂时，你是那么不耐烦地把它推到了桌子的一角……如果你真的爱这个人，当初就不会产生嫌弃他的想法。有时候，我们并没有想象中那样痛不欲生，只是不甘心失去，以及不能抵御失去后的孤独而已。

因为感情一直在路上，所以会产生巨大的惯性，就好比爱情已经刹车了，但是它依然推着我们的心向前走了很长的距离。

就像在电影《前任3：再见前任》中，林佳和孟云明明已经说好分手了，却还是会在各种场合，因为前任的存在束手束脚，无法投入。

分手时拖泥带水，只会让两个人都无比痛苦。

当断不断，必被其乱，就算痛苦到死，也是咎由自取。

所以在失恋时，我们能够做的就是踩一脚刹车，让余情彻底停歇。然后，你会发现，没有过不去的失恋，也没有走不出的回忆，所谓的过不去，只是时间不够，没有找到更好的人而已。

香港电台主持人梁继璋这样告诫儿子："没有人是不可替代的，没有东西是必须拥有的。看透了这一点，将来你身边的人离你而去时，你会明白，这并不是多么了不起的大事。"

有时间自艾自怜，不如化痛苦为力量，积极提升个人价值。当我们努力变好时，就会发现，失恋并不是什么大不了的事。当我们真正开始关注自身的追求时，能给自己带来很多安全感，我们也会更有底气去爱另一个人。当然，如果你在失恋刚开始时感到压抑，无法忍受，不妨做些什么，调整一下自己的心情，放了，忘了，和痛苦潇洒挥别！